渡邊嘉二郎
城井信正
［著］

ものづくりの発想法

価値の創造のために

法政大学出版局

はしがき

　入社式や入学式の式辞で，よく「創造性が大切だ，創造性を育もう」という趣旨の挨拶がなされます。話を聞いていて大切であろうと思うのですが，どうやって育むのだろうと考えてしまいます。たしかに「すごい発想ができるなあ！」と驚くようなことを考える人がいます。しかし，それはその人の経験で培われてきたものであり，あらためて「どうしてそんな発想ができるのですか？」と聞いてみてもはっきりした答えはありません。ニュートンは，すべて物体は引き合うという万有引力の法則を発見しました。リンゴは落ちるけどなぜ月は落ちないのだろうと考えたのでしょうが，その発見に至る思考過程については記録を残していません。幾何学を駆使して証明していますが，どうしてこんな補助線が思いつくのであろうと驚くばかりです。アルキメデスが浮力の原理を発見したときに「エウレカ（わかったぞ）！」と騒いだことは有名です。彼は風呂につかりながらこの法則を発見したらしいのです。この辺に発想のヒントがあると推測できますが，やはり法則を発見したときのエウレカに至る彼の心の変化はよくわかりません。ほとんどの大発見において発見の結果は明記されていますが，その発見に至る思考の過程は明記されていないのです。私たちも何か問題に直面し，それをクリア

できたときに，その歓びで，どう考えて答えを出したかはどうでもよくなってしまうのです。

　創造性をどう育んだらよいかは解りません。おそらく統一的な方法はないのでしょう。ただ歴史的大発見をした偉人はいましたし，私たちの身の回りにも発想の豊かな人が多くいます。彼らは自分でも明確に説明できないのですが何らかの創造の方法を会得しているのです。したがって，問題の種類，与えられる状況，個人の嗜好，その人の経験などにより「私の創造の方法」はあるに違いないのです。本書にはこの「私の方法」を見つけてもらうために参考になると思われる小話をまとめます。考えてみましょう。もし「発明の統一的方法」ができ，将棋の名人と互角に戦うコンピュータにこの方法をプログラムすると何が起こるでしょうか。人間が人間として存在する場所はどこになるのでしょう。創造や発明は人間に残された最後の人間らしい仕事ではないでしょうか。創造性はコンピュータではなく人間の脳の中でしか持ちえない能力に留めておきたいのです。読者の皆さんが本書を手に取り，これをヒントにして自分自身の脳の中に創造の方法を考えだし，それをインストールして，さまざまな問題に適用してこの方法をバージョンアップしながら発展させることが創造性を育むことにつながればと思います。

　皆さんの中には豊かな発想の持ち主もいるでしょう。また創造性なんて無縁と思っていた人もいるかもしれません。発想豊かな読者は自分の発想法を少し客観的に見直す参考にし

ていただきたいと思います．自分は発想できないと思い込んでいた読者は，発想豊かな人になるスタートとして本書を読破していただきたい．本書は新幹線で東京から大阪間往復の乗車時間で読み切れるよう，一話あたり500文字程度の100の小話と，ポイント，その状況を示すイラストと五七五の句で表しました．文章とイラストと句を見比べながら読んでいただきたい．書名は「ものづくりの発想法」となっていますが，ことづくりについてもその事例を示してあります．理系，文系を問わず楽しめるようにしました．内容が脳にしみこみ，インストールできれば，読んだ後は，イラストを見るか，あるいは句を詠めば直ちに内容が思い浮かぶように工夫したつもりです．また小話の順番は一定の体系になるように配慮しましたが，それぞれの小話は独立しています．したがって順番に読んで著者の意図を汲んでもらってもよいし，興味ある小話を拾い読みしてもらってもよろしいのです．

　本書の構成は，両著者で検討しました．文章，五七五の句およびまとめは主として渡邊嘉二郎により書かれ，挿入図は主として城井信正により描かれました．文章，句，まとめおよび挿入図は互いに連携し影響を及ぼしながら何度か修正して書き直しました．

2016年9月

渡邊 嘉二郎
城井 信正

●目次

価値の創造

1	豊かさとは？	2
2	人間はどのような欲求をもつのでしょうか？	4
3	人間は生まれながらにして道徳感をもっていますか？	6
4	欠乏欲求に応える創造から成長欲求に応える創造へ？	8
5	成長欲求に応える創造とは？	10
6	自己実現欲求に応える創造って何？	12
7	あらためて創造とは？	14
	つぶやき　価値の創造	16

ヒラメキの謎

8	ポアンカレの数学的発見の状況とは？	18
9	ポアンカレの数学的発見における自らの解釈とは？	20
10	ヒラメキの瞬間とは？	22
11	ウォーラスが考える創造における心の変化？	24
12	トーランスの考える創造における心の変化？	26
13	ヒラメキはどう起こるか？	28
	つぶやき　ヒラメキの謎	30

創造の心理学

14	フロイトが心の無意識に光をあてる時代とは？	32

15	フロイトが考える心の構造とは？	34
16	フロイトは心の病をどう治療したのか？	36
17	ユングの集合的無意識論とは？	38
18	フロイトとユングの無意識論と創造におけるヒラメキの関係？	40
19	心の構えとは？	42
20	心の中心転換って何？	44
21	アナロジーって何？	46
22	アナログコンピュータとは？	48
23	試行錯誤と洞察とは？	50
24	創造性を引き出す特質とは？	52
	つぶやき　創造の心理学	54

創造のためのものの考え方

25	方法的懐疑論って難しそう，何なの？	56
26	三角形のイデア論って何？	58
27	帰納法ってどんな方法？	60
28	アトミズムとホーリズムってどんな考え方？	62
29	アトミズムによる創造とは？	64
30	ホーリズムによる創造とは？	66
31	雑多なものごとの整理はどうするの？	68
32	フィードバック循環構造って何がいいの？	70
	つぶやき　創造のためのものの考え方	72

創造における学び

33 創造能力の涵養は可能なのでしょうか? 74

34 人間に残された最後の砦? 76

35 教育と学習はどこが違うの? 78

36 創造における学びの在りようは? 80

37 アンラーン(Unlearn)とは? 82

38 最高の教室ってどこ? 84

39 温故創新, これなに? 86

40 想考匠試, これなに? 88

41 創造性を育む訓練とは? 90

　つぶやき　創造における学び 92

創造の方法

42 創造の段階ごとのメニューってあるの? 94

43 五里霧中で? 96

44 「不」から始まる用語の意義? 98

45 発明手帳とは? 100

46 ブレインストーミングとKJ法って何? 102

47 ブレインストーミングはどう進めるの? 104

48 一人ブレインストーミングはどう取り組むの? 106

49 無意識の中のアイデアのKJ法による抽出? 108

50 無意識の中のアイデアのKJ法による体系化? 110

51 アナロジーと等価変換法とは? 112

52 等価変換法の原理とは? 114

53 等価変換における考えるべきことがらの順番? 116

54 等価変換におけるターゲットはどう設定されるか? 118

55 等価変換における本質はどう抽出されるか? 120

56 トリューズ（TRIZ）とは? 122

57 TRIZにおける40の発明原理とは? 124

58 TRIZにおける39の矛盾要件とは? 126

つぶやき　創造の方法 128

創造の過程

59 学生の研究テーマはどう選択するか? 130

60 モチベーションの上がる研究テーマはどう選ぶの? 132

つぶやき　創造の過程 134

モノづくり

61 マイクロホンを超高感度圧力センサとしてみると? 136

62 マイクロホン型超高感度圧力センサはどう使えるの? 138

63 マイクロホン型圧力センサを用いるシステム展開? 140

64 マイクロホンを真空管の中に入れると? 142

65 ブザーの本質とは? 144

66 ブザーの音質を楽器なみにするには? 146

67 ブザーをカーオーディオスピーカへ応用すると? 148

68 ブザーを用いて自動車に隠れる人を探し出すには? 150

69	スピーカの本質とは？	152
70	スピーカをマイクロホンとして活用すると？	154
71	スピーカを用いたゴルフクラブのフェース面角度とスピードを測る？	156
72	換気扇を用いた高感度圧力センサ化？	158
73	自動車の燃料計を高精度にするために？	160
74	災害時に電池を目覚めさせる？	162
	つぶやき　モノづくり	164

コトづくり

75	都市の農業を元気にするには？	166
76	地方の物産が全国版になるためにはどうするの？	168
77	面白いお土産ってないかな？	170
78	サステーナブルな魅力ある街をつくるには？	172
79	地域の祭りの意義とは？	174
80	シャッター街の再生はどのように？	176
81	野川とサンアントニオの運河のちがい？	178
82	観光スポットはどう作るのでしょう？	180
83	子供が先生になって高齢者を教えては？	182
84	アルバイトは実学として価値を持ちませんか？	184
85	見守りドールさん？	186
86	サイバー健康マラソン？	188
87	長屋をもう一度作りませんか？	190
88	創造的なボランティア活動とは？	192

89	創造的営業活動とは？	194
90	経営における創造？	196
91	組織で人を活かすには？	198
92	自らを活かすには？	200
93	お守りのご利益の効果を科学で上げられないかな？	202
94	仕草を変えることができる日本人形？	204
95	SV？	206
96	津波をはじくのではなく飲み込んだら？	208
97	競技場は見せるのは競技ですか建物ですか？	210
98	マンションの通気性をよくするためには？	212
	つぶやき　コトづくり	214

特　許

99	特許化によりアイデアを整理する方法とは？	216
100	特許の書式って？	218
	創造プロセス　フローチャート	220

価値の創造

1

豊かさとは？

　価値は，どれだけ豊かさをもたらしたかで評価されます。その「豊かさ」とは？　人間は欲求を持っており，その欲求が満たされている状態がおそらく豊かなのでしょう。人間は安心し安全に生きたいという共通の基本的な欲求を持ちます。それ以上の欲求は人によって異なり，いくつもの姿があるのです。どの姿であれ，豊かであり続けるためには，守るべき共通の約束がないでしょうか？　あると思います。他人を苦しめないことです。さまざまな宗教において儀式は異なるとしても，そこで諭される道徳律は驚くほど似ています。人間は人と人の関わりの中でこの約束を守らないとうまくいかないことを学んだのでしょう。カント（Immanuel Kant, 1724–1804）は人間には人間の行為を規定する普遍的な道徳基準があり，この基準は理性的存在である人間に生まれながら備わる能力であるとしています。もう一つあります。人間は安心で安全に生きるだけでは満たされないのです。かつて東大総長・大河内一男先生は卒業式の挨拶でミル（J. S. Mill, 1806–73）を引用し，「太った豚になるよりは，痩せたソクラテスになれ」と言いました。人間は思考しみずから価値を造り上げることで心から満たされ，豊かになるのです。

✍ ポイント

　人間は生存したいというブレーキのない基本欲求を持っています。豊かさを継続させるために，その欲求を制御する基本的道徳基準を生まれながらに持ち合わせています。

　人間は安心で安全に生存するという基本欲求だけでは満たされることがなく，自ら思考して個性的な価値を創造することではじめて満たされます。

....

☕ **ひと息**　　豊かさは　人の数ほど　あってよし
　　　　　　　創造が　ときには衣食を　忘れさす
　　　　　　　豚よりも　痩せてはいるが　ソクラテス

価値の創造

2

人間はどのような欲求をもつのでしょうか？

　生命体は不足を満たそうとする欲求を持っています。植物には個体の意識がありませんが，生存し種を保存する欲求があり，DNAに組み込まれています。3000年後でも条件が整えば発芽します。そのしぶとさは驚くべきものです。長い年月をかけ環境に適応し進化した結果なのでしょう。動物もこの欲求を満たすための捕食の方法は実に賢い。

　霊長類の長たる人間も生命体に属し，欲求を持ちます。ただ他の動植物ほど欲求は単純ではありません。心理学者マズロー（A. H. Maslow, 1908–70）は，人間の欲求を五段階の階層に整理しました。これをマズローの欲求五段階説と呼びます。これらは，生理的欲求からはじまり安全欲求，社会的欲求，尊厳欲求そして最後は自己実現欲求です。生理的欲求は動植物と同じく，生存と種の保存の本能的欲求です。安全欲求は安全にいたいという欲求です。これらは欠乏欲求と呼ばれます。社会的欲求は仲間が欲しいという欲求，尊厳欲求は他者から尊敬されたいという欲求，自己実現欲求は自分の能力を発揮して創造的活動をしたいという欲求です。これらは成長欲求と呼ばれます。私たちは成長欲求を満たさないと豊かと感じられないのです。

成長欲求
- 自己実現欲求
- 尊厳欲求
- 社会的欲求

欠乏欲求
- 安全欲求
- 生理的欲求

✏️ ポイント

　人間は豊かさを求め，生理的欲求，安全欲求，社会的欲求，尊厳欲求，そして自己実現欲求という五段階の欲求を持っています。

　五段階目の自己実現欲求は自分の能力を発揮し創造することです。創造することが最終的な豊かな状態なのです。

☕ **ひと息**　　衣食住　足りてそのうえ　衣食住？
　　　　　　　衣食住　次は友人　自己実現
　　　　　　　自己実現　己らしさの　創造ぞ

価値の創造

3

人間は生まれながらにして道徳感をもっていますか？

　カントは人間の認識の構造を明らかにしようと試みました。人間は外界からの情報を取り入れる感性（Sensing）能力と，それを理解する悟性（Understanding）能力を持つとしました。われわれが共通にものごとを認識できるために，感性と悟性能力において生まれながら同じ知識処理構造が備わっているとしたのです。これを先験的認識能力と呼びます。さまざまな経験は，この知識処理構造を通じて整理され，知識として蓄えられるというものです。

　彼はさらに，人間には自らの行為を規定する普遍的な道徳基準があり，この基準は人類という理性的存在に，生まれながら備わる能力であるとしています。関連してユング（C. G. Jung, 1875-1961）は人間の深層心理の中には共通に集合的無意識があると主張します。元来，人間のもつ欲求，とりわけ生理的欲求と安全欲求は自由奔放であり，それを制御するための共通な基準をもつというわけです。まったく異なった場所と時間で発生した仏教とユダヤ教の戒律には似たものがあります。これはカントやユングの考えを裏打ちします。進化の過程で，人間はこれら宗教の指摘する戒律が有益であることを習得し，DNAに組み込まれたのかもしれません。

📝 ポイント

　人間は生まれながらにして共通の知識処理構造をもち，さまざまな経験がこの構造で整理され，だれもが共通に理解できる知識にできます。

　同様に人間は生まれながらにして共通の道徳基準を持ちます。何も教えていない赤子に笑顔で接すると，笑顔を返します。大人はそのなかに純粋さを感じ，ときに反省させられることすらあります。

☕ ひと息
　　　　道徳感　生まれながらに　皆もてり
　　　　ホヤホヤの　赤子笑いて　和ませる
　　　　創造性　道徳心と　共にある

価値の創造

4

欠乏欲求に応える創造から成長欲求に応える創造へ？

　生命体としての人間は動植物と同じく，欠乏を満たしたいという生理的欲求や安全欲求を持ちます。ヒトの脳の大きさと複雑さにより，人間はカントが言う先験的認識能力を基礎に，科学的思考ができるようになりました。この「真理を知りたい」という思考は，自己実現欲求です。またこの思考結果は「より快適に安全に生きたい」という欠乏欲求を満たすことに応用されました。それが現代の科学技術に基礎を置く物質文明です。この科学技術は，人体から発生するエネルギーに替え，自然から得られるエネルギーである「火」を用い，それを運動に変える仕掛けを実現しました。「火」は人体のエネルギーに比べてはるかに大きく，巨大な機械を動かすことができます。

　科学技術は人間を欠乏欲求から解放し，成長欲求に向かわせたはずでした。ただ，欠乏に対する恐怖から，いまだにこの欲求から抜け出せず，食ばかりをむさぼっている人がいないわけではありません。われわれが求める豊かさは，成長欲求に応えるかたちで求められるべきです。創造性はそこでこそ必要とされます。

✎ ポイント

　科学技術は人間の欠乏欲求である生存欲求と安全欲求に応える物質文明を作りました。

　科学技術の成果は，人間の成長欲求を支える下部構造を構築したのです。成長欲求に応える創造活動を通して人間としての豊かさが得られます。

....

☕ ひと息　　生存が　最も強い　欲求だ
　　　　　　　諸欲求　文明の発展　促せり
　　　　　　　文化肥ゆ　心の豊かさ　求む中

価値の創造

5

成長欲求に応える創造とは？

　欠乏欲求が満たされそれが担保されると，次に社会的欲求と尊厳欲求が首をもたげます。人間は社会の中で人とのよい関係を築き，互いに認め合い，その中で心地よく生きたいと思います。成長欲求が芽生えるのです。自然科学は「真理を知りたい」という自己実現欲求に応えつつ，結果として欠乏欲求を満たす物質文明を創り上げました。

　社会的欲求と尊厳欲求を満たすものは何か？　これらの欲求は人間のココロに関わるものです。ココロは物ほど再現性がよくありません。したがって自然科学が確固たる物質文明を作ったようには，ココロに関わる科学が社会的欲求と尊厳欲求を満たす確固たる文明を創り上げられるわけではありません。社会的欲求をバネに，偶発的で自然発生的に何かが企画される程度のことでしょう。まさにイベントやお祭りごとが好きなおじさん連中が，酒を飲みながらアイデアを出し，リーダーシップを発揮してコトをなすのです。出る杭は打たれる。ときに「奴らは好きだから」と陰口をたたかれるでしょう。「奴らは好きだから」という陰口は，好きなことをやっているという意味で，褒め言葉なのです。彼らは見事に，尊厳欲求を超えた自己実現欲求を満たしているのです。

🔖 ポイント

　社会的欲求に応えるイベントの創造はモノづくりの設計とは異なります。

　自己実現欲求に応えるなかで，知らないうちに尊厳欲求が満たされるのです。

……………………………………………………………………

ひと息　　心地よい　サロンづくりも　創造だ
　　　　　　コミュニティー　文化を育む　畑かな
　　　　　　友垣の　内にてさらに　係わりを

価値の創造

6

自己実現欲求に応える創造って何？

　自分の能力を発揮して創造活動に取り組むことこそ，最高位にある自己実現の欲求を満たすことです。定年退職し，まずは自己実現のためにゴルフ三昧。本当にゴルフが好きなら，ゴルフ場に一人で行きます。でもほとんどの人は友人とパーティを作り予約します。油絵が好きでアトリエに閉じこもり状態で絵を描く人は稀で，自画他賛してもらう場がほしいのです。文章を書いても未発表では物足りない。俗人の自己実現は，社会的欲求や尊厳欲求とリンクしているのです。

　現役で働く人が，自己実現欲求を満たしている状態は，自分の好きなことで創造的な仕事ができ，他者から高い評価を受けているときでしょう。現役の人にとって自己実現の欲求を叶える方法は，このような仕事を作るか選ぶことになります。これはなかなか困難なことと思えます。ですが，生きることに前向きな人間は，与えられた仕事に価値を発見し，興味を持ちます。そこでは自分の個性を活かした創造的な取り組みが可能です。結局ものごとはそんなに困難ではなく，子供のように何にでも興味をもち前向きに生きることが自己実現の欲求に応えることになるのです。自己実現の欲求は誰にでも叶えられるのです。

✏️ ポイント

自己実現とは自分の能力を発揮して創造活動に取り組むことです。そこには仲間がいて,彼らからの評価も必要でしょう。

与えられた仕事に価値を見出し,興味を持ち,個性を活かした創造的に取り組むことが自己実現の欲求に応える方法の一つです。

☕ ひと息

　　自己実現　創造により　達せられ
　　仕事こそ　自己実現の　機会なり
　　自己実現　縁遠そうで　身近なり

価値の創造

7

あらためて創造とは？

心理学者トーランス（E. P. Torrance, 1915-2003）は，創造性を「ある種の不足を感知し，それに関する考えまたは仮説を形成し，その仮説を検証し，その結果を人に伝達する過程を経て，なにか新たな独創的なものを産み出すこと」と定義しています。この定義は創造のプロセスを客観的に述べていますが，創造的行動指針としてはインパクトに欠けます。この定義のほかに，少しは行動指針として役立ちそうな定義として，自らの経験や心理学的分析に基づいたものがあります。ポアンカレ「一見無関係な事実の間に関連性を見出すこと」，ギルフォード「拡散的に思考すること」，ブルーナー「役に立つ組み合わせを作ること」，マズロー「その人にとって，新しい価値のあるものを作り出すこと」。

トーランスの定義はインパクトに欠けますが，「創造性はある種の不足を感知することから始まる」は重要です。諺にも「必要は発明の母（Necessity is the mother of invention）」とあります。不足して必要と感じる心が創造の出発点です。しかし，多くの人々は衣食住が足り，便利なスマートフォンでつながっており，満ち足りてはいないが不足を感じにくい状況にあります。「不足しているのはお金だけ」。冗談半分として，残り半分は？

✍ ポイント

　私たちは不足して必要を感じて，発明を産み出します。事足りて不足も必要も感じ難い状況にあるとき，豊かに感じますか？

　創造とは従来とは異なる方法で新たな価値を獲得する思考あるいは行動です。このためには物事の関連性，役立つ組み合わせを拡散的に思考します。

☕ **ひと息**　　スマートフォン ことを満たすは わずかなり
　　　　　　　足りないと　感じる心　不足する
　　　　　　　目を皿に　入りし知識を　なお広げ

価値の創造

価値の創造

「価値の創造のために」というサブタイトルはいかにも仰々しい。はじめ，筆者らによる『ものづくりのための創造性トレーニング──温故創新』なる理工系専門書をベースに，理系文系問わずだれでもが読める本を目指した。このとき創造性は分野を問わず発揮できるものと考えた。この考えを一般化すると，犯罪にも発揮できることになる。完全犯罪計画書の創造である。これは参った，困ったものだ。そこでこの本では，悪いことに創造性を発揮してもらうものではないということをどこかに書いておかなければと考え，「価値」の創造とし，さらに，第1話と第3話で「人間は生まれながらにして道徳感を持つ」という，カントの普遍的な道徳基準を持ち出した。

　こんなことは意識しなくてもよいことであったかもしれない。フロイトが言うように，犯罪など自らの道徳規範に従わないことを行うと，それは無意識の淵に沈むが，記憶に残り，後にある刺激でそれが意識に現れ，その人を苦しめる。人間は，本音のところで性善説に従うのである。自己実現のための完全犯罪計画の創造はあり得ない。万が一にも犯罪には創造性を発揮してほしくない。

ヒラメキの謎

8

ポアンカレの数学的発見の状況とは？

　ポアンカレ（Henri Poincaré, 1854–1912）は自らのヒラメキの状況を，『科学と方法』の第3章「数学上の発見」に述べています。彼はある関数に類似する関数は存在しないことの証明を試みていました。机に向かって二週間努力しましたが，糸口が見いだせません。ミルクなしの珈琲を飲んで眠れなくなった夜，彼の脳裏に幾多の考えが群がって起こり，互いに衝突しあい，そのうち安定な組み合わせができるように感じられました。朝までには脳内でその証明の構想ができ，数時間で証明は記述できました。この研究の続きの課題の考察に入ると，次のような経験をしました。①出張先で乗合馬車の踏み段に足を触れた瞬間，課題の解が浮かんだ，②数論の問題に取りかかったがめぼしい結果が得られず，気晴らしに海岸で数日過ごしたある日，断崖の上を散歩中に，数論とは別の以前の課題の解が突然頭に浮かんできた，③この研究の終盤で一つの難関が待ち受けたまま，兵役についた。ある日，大通りを横切っているとき，この難関課題の解決が突然現れた……などです。これらのヒラメキを後日整理すると，すべての要素が手中にあり，ただこれを順序よく並べるだけで，論文は一気に書き上げることができたと述べています。

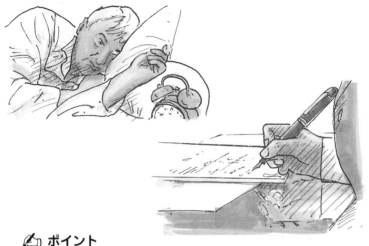

✎ ポイント

　ポアンカレは数学の問題を深く考えましたが答えが見つかりませんでした。のちほどある瞬間に、その答えの全容がヒラメいた体験をしました。

　その体験の後、意識下でそれを整理すると、すらすらと定理の証明記述ができました。

....

☕ ひと息　　ヒラメキに　すべて含まれ　あと記述
　　　　　　　ヒラメキは　誰もが受ける　啓示かな
　　　　　　　努力して　ヒラメキ経験　また努力

ヒラメキの謎

ポアンカレの数学的発見における自らの解釈とは？

　ポアンカレは，彼のヒラメキの経験を考察します。ヒラメキには意識的に課題を検討する意識的活動の段階，この課題を無意識のなかで思考する無意識活動の段階，あるときヒラメキが表れ，ヒラメキの内容を意識的活動で論理的に整理する段階がある，とします。意識活動は意識的自我のもとでなされ，無意識活動は無意識的自我のもとでなされると解釈しました。また無意識活動の前後の意識的活動なしには，無意識活動の効果が上がらないと述べています。最初の意識活動の段階では，課題に関係する諸知見を並べ，これらの組み合わせを試みている。この組み合わせの数は膨大であり，その中から論理的に矛盾が少ない安定した関係を探索します。めぼしい関係が見つからなくても，この意識的活動が無意識活動における思考の効率を上げるというのです。最後の意識的活動は，ヒラメキとして得られた洞察を論理的に順序立てて整理する活動です。最初の意識的活動で，もし課題を解決するために有効な知識を知っていなければ，それを習得しておく必要があります。ポアンカレの場合，必要なすべての知識は脳内にあったのでしょう。そのうえで一見無関係なことがらの間に関連性を見出すよう思考したのです。

✏ ポイント

　ヒラメキには意識的に課題を検討する意識的活動の段階が必要です。

　ヒラメキは一見無関係な事柄の間の関係を無意識活動で見出した瞬間に現れるのです。

──────────────────────────────

☕ **ひと息**　　ポアンカレ　意識無意識　総動員
　　　　　　　明晰さ　無意識思考の　道拓く
　　　　　　　チリジリの　知識統一　ヒラメイた

ヒラメキの謎

10

ヒラメキの瞬間とは？

　ポアンカレの数学的発見でのヒラメキや11話で述べるウォーラスの啓示期など，創造には暗雲が急に開けて太陽が顔を出す瞬間があります。この体験は，「アハー体験」とも呼ばれます。アルキメデスは浮力の原理を発見したその瞬間，「エウレカ（$\varepsilon \H{v}\rho\eta\kappa\alpha$）」＝「分かった」と叫びました。彼は風呂の中で自分の体が浮く経験を通してヒラメキを感じました。ポアンカレは，夜眠れない状況，乗合馬車の踏み段に足を触れた瞬間，散歩の途中で体験しました。歐陽脩（1007-1072）はこのヒラメキが起こる状況を「馬上，枕上，厠上」としました。ヒラメキの瞬間は，長たらしく論理的に解るのではありません。まさに簡潔に明瞭に，ことを洞察するのです。

　われわれもこのヒラメキを経験します。筆者も，何か考えて困難になると椅子から立ち上がり，廊下を歩き，そしてヒラメキを感じて，これでいこうと覚悟が定まる経験を何度もしました。課題の困難さ，そのための準備期の長さに比例して，ヒラメキの輝きは強くなるでしょう。また日常生活でよく「あっそうか！」と思うような小さなヒラメキもあります。友人は体を動かした瞬間に脳内のニューロン回路のシナプスがつながるのであろうと，根拠のない説明をしています。

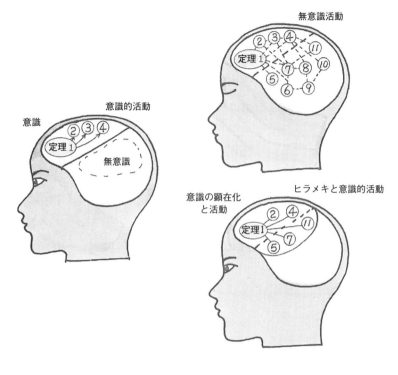

✍ ポイント

ヒラメキは,別なことを考えたり,あるいは,それと無関係なことを行うときに現れます。

はじめに深く考えることなしに,ヒラメキはありません。

☕ **ひと息**　　熟考し　ホット息抜き　ヒラメキが
　　　　　　　無意識の　知識結びて　ヒラメキが
　　　　　　　無関係　そこに関係　隠れてる

ヒラメキの謎

11

ウォーラスが考える創造における心の変化？

　心理学者ウォーラス（Graham Wallas, 1858–1932）は，創造的思考の過程を準備期，孵化期，啓示期，検証期に分けました。啓示期はヒラメキの瞬間です。準備期では創造対象に関する情報を収集します。このとき，ある狭い分野の情報を集めるより，関連しそうな広い分野の情報を集めます。このための思考は拡散的です。孵化期は，関連が見いだせないままバラバラの情報や自らの知識を，目標を目指して組織化する段階です。目標に近づけないストレスは苦しく，この苦しさから逃れるべく脳内のバラバラの情報や知識の統一化を試みます。啓示期は，これらのバラバラの情報や知識が目標の課題のもとで統一される瞬間です。

　ウォーラスの準備期は，ポアンカレのはじめの定理を証明しようとする意識的活動に対応します。まさに課題解決に必要な新たな知識の習得，すでにある知識を集める段階です。孵化期は無意識的自我による無意識活動の段階であり，そのなかで集めた知識を目標に向けて統一できる可能性の高い組み合わせの検索がなされている段階です。ヒラメキの啓示期を介して検証期は啓示され，内容を順序立てて整理するポアンカレの最後の意識的活動に対応します。

✍ ポイント

創造思考の過程は準備期，孵化期，啓示期，検証期に分けられます。

創造の苦しさのなかで，いま自分はどの期にいるのかを認識することは，その苦しさの継続を楽にします。

・・

☕ **ひと息**　　整えて　孵化して生まる　ヒラメキが
　　　　　　　創造の　クライマックス　啓示かな
　　　　　　　創造の　プロセスはみな　同じです

12

トーランスの考える
創造における心の変化？

　第7話で述べたようにトーランスは，創造を「ある種の不足を感知し，それに関する考えまたは仮説を形成し，その仮説を検証し，その結果を人に伝達する過程を経て，なにか新しい独創的なものを産み出すこと」と定義しました。この定義は創造のクライマックスのヒラメキが記述されていません。「仮説が形成できた」あるいは「検証できた」瞬間がヒラメキでしょう。この定義の注目点は，「ある種の不足を感知し」と明記していることです。不足の感知なしには創造は生まれないのです。実はこのことはきわめて重要で，創造の困難さはこの不足の感知の困難さに起因しているのです。生理的欲求と安全欲求が満たされないハングリーな時代は，これらの欲求の強さゆえに不足は容易に感知できました。ものがあふれ，欲しいものは容易に手に入るように思われる現在，不足の感知は難しくなっています。しかし，本当に不足していないのでしょうか。マズローの説によれば，これらの欲求が満たされた後に社会的欲求，尊厳欲求そして自己実現欲求が出るはずです。現実には，引きこもり現象などでこれらの欲求に対する不足が出ています。われわれは，これらの欲求に対する不足を感知する感度を上げる必要がありそうです。

✍ ポイント

　創造とはある種の不足を感知し，仮説を形成し，その仮説を検証し，その結果を人に伝達する過程を経て，新しい独創的なものを産み出すことです。

　ポイントは，最初の不足を感知することにあります。

・・

☕ **ひと息**　　不足知り　仮説を立てて　証明を
　　　　　　　創造は　仮説づくりか　証明か
　　　　　　　ときにより　証明最初　仮説後

ヒラメキの謎

13

ヒラメキはどう起こるか？

　ヒラメキの瞬間に脳内で起こっていることを，脳画像で科学的に解き明かすにはまだ時間がかかりそうです。その間，ヒラメキを心理学的に考察することには実践的な意義があります。ポアンカレは自らの数学的発見におけるヒラメキに対し，意識的自我と無意識的自我を想定しました。課題解決に必要な知識を脳に刷り込み，はじめ，どの知識間の関係が課題を解決に導くかを意識的に思考します。意識的取り組みで課題が解決できない場合，脳内で課題解決の知識群の組み合わせを無意識的自我が模索し，課題解決の道筋が判った瞬間，ヒラメキが発生すると推測しました。同時代のフロイトも人間の心を意識と無意識から体系的に説明しようとしました。われわれの脳のニューロン数は140億，そのうち使われているものはわずかと言われます。人間の進化の過程で自然（神）は不必要なニューロンを作らなかったはずです。実はわれわれが意識でき，活性化しているニューロンが少ないだけで，意識されない膨大な情報が脳に記憶されていると考えられます。その記憶のために，140億個のニューロンが機能しているとも考えられないでしょうか。こう考えると，フロイトやポアンカレの無意識の機能は納得できそうです。

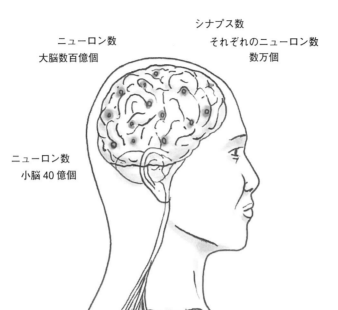

✒ ポイント

ヒラメキに関与するものは無意識という心理です。

人間の脳の140億のニューロンのわずかが活性化し，他は眠っています。この眠っている部分が無意識と呼ばれるものと考えられます。

● ひと息　ヒトの脳　実は働く　無意識下
　　　　　創造の　瞬間脳で　何起こる
　　　　　ミステリー　自分の脳に　潜んでる

ヒラメキの謎

ヒラメキの謎

本書に取り組むまで,「ヒラメキ」について真剣に考えたことはなかった。これを再確認するために,学生時代に買って,そのまま書棚に眠っていた岩波文庫の『科学と方法』(ポアンカレ著,吉田洋一訳)を引っ張り出した。諸言と第1章のはじめのほうに線が引かれており,はじめのほうは読んだ形跡があった。ヒラメキに関係する第3章「数学上の発見」をあらためて熟読した。

旧漢字であったが,吉田氏の名翻訳に感銘をうけるとともに,内容の精緻さに驚かされた。第39話の川柳「旧漢字でも　記述内容　新しい」なる五七五がピッタリであった。

ヒラメキについては,心理学者ウォーラス,トーランスの解説も書き加えたが,数学者ポアンカレの経験した「数学上の発見」のときの心理状況の解説が最も説得力があった。心理学者はポアンカレの考えをなぞっている感がある。最新の脳神経科学における装置であるfMRIやPETあるいは光トポグラフィーで,ヒラメキの瞬間の脳画像を覗いてみたいものである。ヒラメキの謎がもっと明らかになるであろう。

創造の心理学

14

フロイトが心の無意識に光をあてる時代とは？

　ポアンカレは自らの数学的発見で，ヒラメキが起こる瞬間とその前後の状況を克明に記述しました。彼は体験に基づき，問題解決の心理的過程は，①課題解決の苦痛を伴う意識的取り組み，②解決策が見いだせないままに別なことをやっている間，無意識的自我が働き続け，突然，課題の解決のヒラメキが表れる，そして③ヒラメキを意識的に論理的に記述するとしました。ポアンカレより2年後に生まれたフロイト（Sigmund Freud, 1856-1939）は，人間の心に潜む無意識を臨床実験の結果として明確にし，無意識に焦点を当てた精神分析学を確立しました。フロイトが3歳の時にダーウィンの『種の起源』，11歳の時にマルクスの『資本論』が発刊され，青年期に当時の啓蒙的な時代の風を浴びたのです。このフロイトの無意識の顕在化はコペルニクス，ガリレオ，ダーウィンの革命的仕事に比せられます。コペルニクスやガリレオは当時の常識とキリスト教的信念を覆す地動説を発見し，ダーウィンは人間を他の動物とちがった特別な存在であることを否定しました。ポアンカレも無意識自我の存在の仮説に触れましたが，フロイトは明確に，人間の心と思考は意識の中にしかないという常識を覆したのです。

✍ ポイント

　フロイトがヒトの心の無意識に意義を与えたのです。

　この仕事はコペルニクス，ガリレオおよびダーウィンの仕事に匹敵します。

....

☕ ひと息

　　　意識せぬ　無意識の世界　垣間見る

　　　フロイトの　革命性に　敵多し

　　　開放は　天才を生む　土壌かな

創造の心理学

15

フロイトが考える心の構造とは？

　フロイトは無意識を精神医の立場から心理学的に体系立てたのでした。彼は人間の心を「意識」,「前意識」,「無意識」の三層に区分しました。「前意識」とは普段は意識されてないが，それに注意を向けそれを回想しようとすれば意識化が可能な層であり，「無意識」とは，意識化を試みても直ちに意識化できない深層にある心的な内容とします。無意識の意識化を妨げているものが，「私」を脅かす願望や衝動を押しとどめようとする「抑圧」の作用です。はじめこの抑圧は，意識が無意識に作用するものと考えましたが，精神分析治療の結果，無意識の中に抑圧があることを発見し，これまでの三層区分における局所論に加え，人間の心的機能は自我，エス，超自我からなることを明らかにしました。エスとは生物的，本能的，欲動的，無意識的なもので，快感原則のみに従う「私」を脅かす非人間的なものです。自我とは人間の理性または分別を代表し，エスを制御するものです。超自我とは自我を監視する機能であり，正常者における道徳的良心，罪悪感，自己観察，自我に理想を与える機能を持つものです。これは両親の道徳的影響が心に内在化されたものと見なされます。

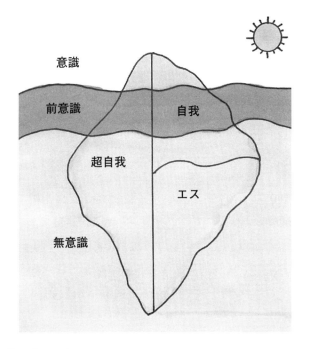

✎ ポイント

人の心は意識，前意識，無意識の三層に区分でき，自我，エス，超自我という機能を持つシステムです。

無意識が容易に意識に上らないのは，「私」を脅かす願望や衝動を押しとどめようとする「抑圧」のためです。

- -

☕ **ひと息**　ヒトの心　総監督は　超自我と
　　　　　　　嫌なこと　沈んでしまう　無意識へ
　　　　　　　エス嫌い　忘却つとめ　無意識に

創造の心理学

16

フロイトは心の病を
どう治療したのか？

　フロイトの精神医としての患者の治療方法は自由連想法，夢分析，除反応，解釈，ワークスルーです。これらは無意識の中にある創造の素となる経験知を引き出すヒントを与えます。

　［自由連想法］患者がリラックスした状態で，意識することなく心に浮かんできたことを話すように仕向ける方法で，過去に抑圧された無意識に関係する事柄を連想させる。［夢分析］患者が無意識に抑圧されている葛藤や願望が夢に反映して現れるとして，それら葛藤や抑圧を引き出す。［除反応］患者に自らを話させ，治療者はただそれを誠実に聴くことに徹する。それにより患者の症状が取り除かれていく。［解釈］患者との面接過程で患者が過去に自分にとって重要だった人物に対して持った感情を，目前の治療者に対して向けるようになる転移現象を分析して，その解釈を患者に告げる。［ワークスルー］精神分析においては，葛藤に対し解釈し洞察が得られた後にも，なお解釈に対抗する抵抗が反復して現れる。その抵抗を克服して完全な洞察に至るために，解釈と洞察を徹底的に繰り返して，抵抗を一つ一つ排除していきます。

✎ ポイント

　フロイトの治療方法は自由連想法，夢分析，除反応，解釈，ワークスルーです。

　これらの方法は創造性を引き出す方法としても使えます。

....

☕ **ひと息**　　無意識の　世界を見せる　夢催眠

　　　　　　　創造も　心の病も　無意識に

　　　　　　　心中を　透かして見せる　フロイト法

創造の心理学

17

ユングの集合的無意識論とは？

　ユング（Carl Gustav Jung, 1875-1961）はフロイトの無意識論への支持を表明し、それによってフロイトの無意識の心理学の一般的評価が定まりました。ユングはフロイトの無意識では説明できなかった深層心理に係わるものを説明するため、新たに「集合的無意識」を提唱し、彼の分析心理学の中心概念としました。この集合的無意識論が後に二人の決別を招いたのでしたが。

　集合的無意識は、人間の無意識の深層に個人の経験を越えた無意識があるとします。言語連想試験による研究によって、意識されていない「感情と観念の複合体（コンプレックス）」を見出したユングは、個人のコンプレックスよりさらに深い無意識の領域に、個人を越えた集団や民族の先験的な「元型」となる、心を動かす要因を見出しました。ユングは「ペルソナ」、「影」、「アニマ」、「アニムス」、「自己」、「大母」、「老賢者」などの元型の存在を認め、それらは最終的に自己の元型に帰着すると考えたのです。この自己の元型は心の中心にあると考え、外的世界とのつながりの主体である自我は、自己元型と心的エネルギーによる運動を通じて変容・成長し、「完全な人間」を目指すものとました。彼は、これを自己実現の過程としました。

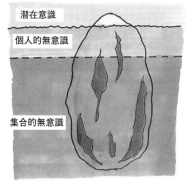

The Great Mother

✎ ポイント

ユングは無意識のさらに深い部分に共同体に属する人々が持つ集合的無意識を提唱します。

この考え方はブレインストーミングの基礎となります。

☕ ひと息　　ユング言う　心の深層　共通だ
　　　　　　脳　嵐（ブレインストーミング）　その基礎追えば　ユングへと
　　　　　　コミュニティー　無意識すらも　共通だ

創造の心理学

18

フロイトとユングの無意識論と創造におけるヒラメキの関係？

　フロイトやユングの無意識論は精神医の立場から患者の心の病理を読み解くものであり，この無意識論をそのままポアンカレの言う無意識的自我の思考と直接的に関係づけることはできません。しかし人間の脳の中に，無意識や前意識の形で経験が記憶されていることは事実でしょう。幼児期に虐待を受けた経験や自己の倫理観に適合しないことを行った経験が無意識の記憶にとどまり，それらが原因となって心を病む場合もあるのです。これはフロイトやユングの世界の話です。

　一方，課題解決というストレスのもとで，前意識か無意識の層にある経験知の使い方を抑圧する先入観により，そこから抜け出せないというポアンカレの言う最初の意識的活動における心的状況は，心の病とは異なりますが，類似します。経験知の新たな統一によって，ヒラメキの状況に至らしめる方法のヒントは，無意識を意識に蘇生させるフロイトの治療技術に発見できます。また，集団で課題を解決する方法を考える場合，その集団の持つ共通の文化の中にある集合的無意識から共通意識へと蘇生させ，ヒラメキがもたらされることはあるでしょう。

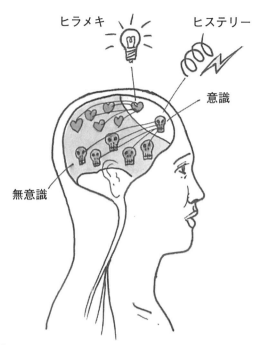

✎ ポイント

　フロイトとユングは，無意識の世界に光を与え，心の病を覗き込み，治療に役立てました。

　ポアンカレの無意識的自我が数学的発見におけるヒラメキを与えるということと，心理学者の無意識論には共通するところがあります。

☕ ひと息　　ポアンカレ　フロイトユング　よく似てる
　　　　　　　ヒラメキの　謎は彼らの　説にあり
　　　　　　　創造性　心の病　無意識に

創造の心理学

19

心の構えとは？

　心理学では，周囲の特定の刺激だけを選び，その認知やそれに対する反応を速めようとする心の準備の状態のことを，「構え」と言います。特定の刺激をすばやく認知し，反応しやすくする反面，構えに合わない刺激に対しては認知や反応は生じにくくなります。人間は課題解決の方法を真剣に考えれば考えるほど構えが強くなり，ある方面だけを検討する傾向を持ちます。検討の方向の変更が困難になり，発想の自由度が失われます。福島の原発事故で「想定外」という言葉が有名になりました。これは単なる言い訳として捉えるのではなく，人間の心が構えという特性あるいは弱点をもつことを示しているとも捉えられるでしょう。兵士は過去の経験から想定される戦場での事態に対応するための訓練を繰り返し，構えを作ります。想定内の事態が起これば，この構えは効果的です。試験も同じことであり，試験勉強は，試験範囲の内容を繰り返し学習し，出題される問題に即座に対応するための訓練です。しかし戦場で想定外の事態が起こり，試験でヤマが外れると，大敗を喫します。創造的な仕事は，ほとんどが想定外であり，構えは新たな発想，創造の妨げになります。われわれは人間の特性として先入観という「構え」に囚われていることを意識すべきです。

✍ ポイント

「構え」とは特定の刺激だけを選び，それを素早く認知しそれに反応する心の性質です。先入観も広い意味での構えです。

「構え」は新たな発想，創造の妨げになります。

☕ ひと息　　構えれば　想定外に　無力なり
　　　　　　想定内　構えが効果　発揮する
　　　　　　酔拳は　構えがないから　強いかな

創造の心理学

20

心の中心転換って何？

　構えで固まった心をほぐす一つの方法が「中心転換」です。課題の全体的な枠組みを，もう一つの別な枠組みへと見方を切り替えることです。心理学者ドゥンカー（Karl Duncker, 1903-40）は，ロウソク問題で中心転換の方法の効果を示しています。ロウソク問題とは，ロウソク，マッチ，小箱に入れたビョウを見せ，壁面に燭台を設けるよう求める問題です。答えは，「ビョウを入れた小箱をビョウで壁に固定してロウソクに火を灯し，小箱にロウソクを立てる」です。「ビョウを小箱に入れて見せた」場合と「ビョウを小箱から出して見せた」場合とでは，前者の課題提示よりも後者で多くの正解が出ました。前者では，ビョウ入り小箱は「ビョウを入れるもの」という機能が固着し，別な用途としては考えにくいのに対し，後者では，ビョウ入れ小箱がただの容器として見えるからです。この実験は，与えられた枠組みである「ビョウ入れ小箱」を分解し，「小箱」と「ビョウ」を独立した要素と見直させることで中心転換が容易になったことを示しているのです。後述する，システムを要素に分解するアトミズム的行動と，分解されて要素を別目的で合成するホーリズム的合成法が，一つの中心転換による課題解決の方法であることを示しています。

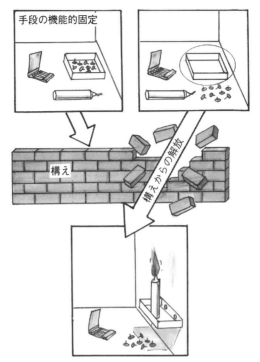

✎ ポイント

中心転換は構えで固まった心を解きほぐす一つの方法です。

先入観念の虜になり，ものの見方が固定されたとき，視点をずらし，見ているものを分解することで中心転換が図れます。

・・・

■ ひと息　　固まった　心をほぐす　中心転換
　　　　　　　バラバラに　すれば構えは　崩れ去る
　　　　　　　中心と　思いしポイント　実はなし

創造の心理学

21

アナロジーって何？

アナロジー（analogy）とは，異なった分野のものや現象をある観点から観たとき，似たものとみなす類推のことです。この類推の元となるものや現象をベースあるいはソースといい，類推が適用されるものや現象をターゲットと呼びます。このとき，両者のものや現象はまったく別のものであれ，ある観点で観れば，互いにある共通の本質を持っていることに注目するのです。例えば，太陽系は太陽を中心に惑星がそれぞれの軌道を回っています。一方，原子系は陽子と中性子からなる核を中心に電子が回っています。これらはあるものを中心にその周辺を他のものが回っているという観点で類似しています。また，太陽系では太陽と惑星が万有引力で引き合い，惑星の楕円運動に伴う遠心力と万有引力の大きさが等しく逆向きでバランスを取っています。原子系でも核と電子はクーロン力により引き合い，この力と電子の回転運動に伴う遠心力とがバランスを取っているのです。この点で力の原因は異なるが，力がバランスを取っているという本質は同じです。機械振動，電気振動，音，電磁波と光は，物理的実体は異なりますが，振動および振動の伝搬という意味では同じです。ここに互いにアナロジーがあります。

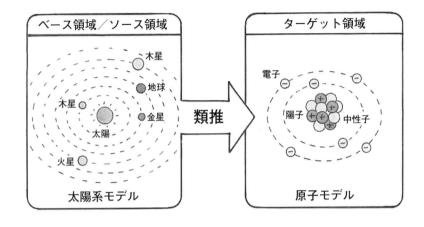

✍ ポイント

　別な現象の間に共通な類似した性質が見られる場合，その共通項を引き出すことで思考の広がりが出ます。

　音，電磁波，光はいずれも波で，波として見たとき共通の性質を持ちます。したがって音が分かれば，電磁波や光もその延長で理解しやすくなります。

☕ **ひと息**　　別物も　似た顔どこかに　現れる
　　　　　　　別であれ　同じ挙動　同解釈
　　　　　　　似て非なる　ものごとのうち　アナロジー

創造の心理学

22

アナログコンピュータとは？

　半世紀ほど前，現在のデジタル計算機がそれほど出回る前には，アナログ計算機（analog computer）がある分野で幅を利かしていました。機械振動，地震に対する構造物の挙動，電気機器あるいは自然現象なんでもよいのですが，その現象を微分方程式で表します。次にその方程式に対応する電子回路を作ります。電子回路にさまざまな電圧波形を入力し，回路の出力をオシロスコープやペンレコーダーを通して観察するというコンピュータです。これは，上記のさまざまな現象が，その現象を表現する方程式というレベルで電子回路と同じであることを用いています。

　地震に対する構造物の挙動を調べるためには模型を作り，さまざまな地震波で動かして実験することができますが，この模型構造物を造るのには大変労力を必要とします。同じ方程式構造を持つ電子回路は，電子部品を接続するだけで済むのです。これがアナログコンピュータの存在意義でしたが，この方程式を解く専用アナログコンピュータは，汎用デジタルコンピュータによって駆逐されました。しかし，アナログコンピュータというもので実現されたアナロジー（類似）の考え方は創造のために重要です。

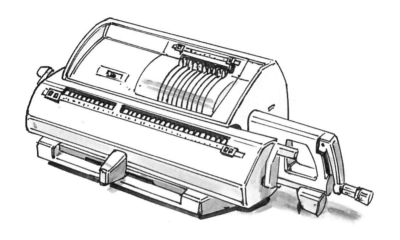

✍ ポイント

　例えば建物の地震動のようなさまざまな現象は，数式を用いて表すことができます。電子回路を作ってその動きを数式で表現してみて，建物の地震動の数式と同じとなれば，それは回路で再現できます。

　この数式は微分方程式とよばれます。アナログコンピュータはこの微分方程式を解くコンピュータです。

☕ ひと息　　コンピュータ　アナログ方式　味がある
　　　　　　　機械系　電子回路で　アナロジー
　　　　　　　現象を　そのまま記録　アナコンよ

創造の心理学

23

試行錯誤と洞察とは？

「試行錯誤」と，それとは対照的な「洞察」を紹介します。試行錯誤はまさに試みて失敗し，それを受け工夫してまた試みる，これを繰り返すうちに発見に至るということです。ソーンダイク（E. L. Thorndike, 1874-1949）は，ネコの箱からの脱出実験を行いました。この実験では，容易に脱出できない箱にネコを入れると，ネコはこの箱から何度も繰り返し脱出を試み，あるとき偶然に箱から脱出できると，その後は箱に入れても直ちに脱出できることを確認しました。ソーンダイクはこの試行錯誤は刺激と反応が結合する刺激−反応の結びつき学習であるとし，動物や人間の課題解決を特徴づけると説明しています。一般的に，試行錯誤を繰り返すと，刺激−反応の結びつきが徐々に強くなり，課題を短時間で解決できるようになります。

洞察とは，課題解決という目的のために，経験などをもとにその場の状況を再構成し，ヒラメキによって一気に解決への見通しをたてる課題解決法です。洞察では，問題の構成要素間の関係や構造，因果関係，手段−目的関係などの認知的枠組みが突然構築されます。トールマン（Edward Chase Tolman, 1886-1959）はこの関係図を認知地図と呼び，地図は潜在的に作られると説明しています。

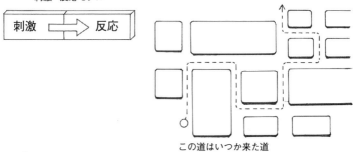

刺激-反応モデル

この道はいつか来た道

🖊 ポイント

　ある課題を解決するためにある試みを実践し，失敗します。失敗の原因を反省し，また試みます。何度か繰り返すうちに，課題解決の方法に至ることが試行錯誤です。

　洞察とはヒラメキであり，課題の解決策が一気に見通せる心の状況です。

☕ ひと息

　　猫でさえ　試行錯誤で　成功す
　　過ちを　反省すれば　進歩する
　　苦労して　一気に見える　洞察す

創造の心理学

24

創造性を引き出す特質とは？

　人間はマズローの五段階欲求と，それに対応するような，創造に必要な先験的な知的構造を持っています。これは体に例えれば，骨格です。この骨格に，創造のヒントとなる知識や経験が筋肉としてつくのです。このような構造のなかで，より創造性を豊かにできるための因子として，心理学者ギルフォード（J. P. Guilford, 1897-1983）は次の六つの能力因子を抽出しました。

　①問題に対する感受性：不足を感知して問題を発見する，②思考の流暢性：問題発見や解決のための経験知の豊富さ，③思考の柔軟性：自らの経験知をさまざまな分野に結びつける，④独創性：個性的で他にない発想ができる，⑤綿密性：創造を想像にとどめず，具体的に完成させる，⑥再定義：いまあるものを別な目的に利用する。これらの能力は，例えれば人の骨格と筋肉を創造のためにうまく動かす小脳です。これらの能力を身につけるためには，創造のヒントとなる知識の習得や創造しようとする不断の努力が必要です。例えば不足の感知は，「不」（不足，不便，不愉快，不潔など）を意識的に感じるよう努力することです。思考の流暢性を上げるためには，なんでもいいからさまざまな経験をし，その内容に感銘することです。独創的であるためには心を軽くしておくことです。

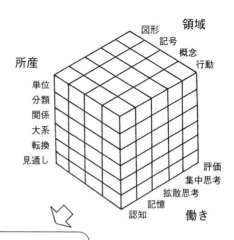

- 不足を感知し問題を発見する
- 問題発見や解決のための経験の豊かさ
- 自らの経験知をさまざまな分野に結びつける
- 個性的で他にない発想ができる
- 創造を想像に留めず，具体的に完成させる
- 今あるものを別の目的に利用する

✎ ポイント

創造性の因子には，問題に対する感受性，思考の流暢性，思考の柔軟性，独創性，綿密性，再定義能力があります。

問題に対する感受性とは，創造能力の入り口で常に「不」に敏感であることです。

☕ ひと息　創造性　駆動させるは　六能力
　　　　　　感受性　創造性の　入り口だ
　　　　　　創造の　そのポイントは　独創性

創造の心理学

創造の心理学

　ヒラメキについて，ポアンカレの無意識的自我についてもう少し考えを深めたいと思った。あらためてフロイトとユングの解説書を読んでみた。ヒステリーは一種の精神的病状であり，一方ヒラメキは創造における心的状況で，両者の本質は異なる。しかし，意識の中での刺激あるいは知識と無意識の淵に沈むかつての経験あるいは知識が結び付くという意味では，類似している。

　フロイトの無意識やユングの深層心理とポアンカレの無意識的自我を結びつけるのには若干無理があるかもしれない。しかし，原稿を書く中でこれらは結びつくかもしれないと思い始めた。もとより本書は学術書ではなく，それこそ新幹線で東京から新大阪間で読んでもらう程度の軽い図書である。この仮説は仮説として許してもらいたい。

　「構え」，「心の中心転換」，「アナロジー」，「試行錯誤と洞察」や「創造性に関するギルフォードの因子」は定説であり，自らの創造能力をつくるうえで意識してよいことと思う。参考にしていただきたい。

創造のためのものの考え方

25

方法的懐疑論って難しそう，何なの？

　方法的懐疑は，「ほんの少しでも疑うことがあれば，徹底的に疑い，そのようにして疑っても疑いえない確実な真実を求める」というデカルト (René Descartes, 1596–1650) のとった思考態度です。このような思考の結果として，「我思う故に我あり Cogito, ergo sum（コギト・エルゴ・スム）」すなわち，「疑っている自己が存在することは疑えない」に到達したのでした。そのデカルトは，方法的懐疑のために四つの規則を定めています。これらは，①独断と偏見を避けながら，自己が真実だと考えたもの以外は受け入れない，②研究しようとする問題を，解決が容易な小部分に分割する，③考えの順序を，単純なものから複雑なものへと方向づける，④ 全体を見直す，です。

　デカルトはこの規則を『方法序説』（1637 年）に表します。創造にあたってのこの四つの規則は，普遍的なものと思えます。普遍的とはいえ，絶対唯一とは言えないでしょう。幾つもの方法があっていいのです。何か新たなものを創造しようとして迷ったときに，この方法的懐疑論のための四つの規則を行動指針として採用し，動いてみることが突破口を開くかもしれません。

🖋 ポイント

　何か新たなものやことを考え出そうとするとき，自分の立ち位置が判らなくなることがあります。何が解らないか判らない状態です。これは方法的懐疑の入り口に立った状態です。

　ここから四つの原則を当てはめてみることです。

☕ **ひと息**　　冷徹に　疑うことも　ときに要る
　　　　　　　大問題　容易な入口　まず探せ
　　　　　　　俯瞰して　自分の立ち位置　確認を

創造のためのものの考え方

26

三角形のイデア論って何？

　書き物を残さなかったソクラテス，その弟子であったプラトンは，対話の形式でソクラテスの思想を書き表しました。それによって万物の根源を哲学したのです。ソクラテスは「よりよく生きることは霊魂によって真理を知ることである」と考え，その「よい」ものとは何かを考え出すことがプラトンのイデア論でした。イデアは idea であり，まさにアイデアなのです。「真理を知ること＝万物の根源を統一すること」の例として，三角形を考えます。さまざまな形の三角形があります。それら三角形の本質を問います。今では「三角形とは，同一直線上にない三点と，それらを結ぶ三つの線分からなる多角形」であり「その内角の和は 180 度になる」とその本質を表現され，中学生でも知っています。この三角形の本質をプラトンは三角形のイデアと呼びました。同じように，われわれの周りにはさまざまな事物や事象がありますが，そこにはそれらの本質があり，それがイデアと呼ばれるのです。われわれはまったくの白紙から事物を創造しません。何か具体的な事物からヒントを得るのです。そのとき，下敷きとなった事物のイデアが捉えられれば，発想は無限に広がります。鋭角三角形を見て，鈍角三角形も二等辺三角形も直角三角形も思いつくのです。

✍ ポイント

われわれの身の回りの事物が，その事物として成り立つ本質がイデアです。イデアはギリシャ語では *ιδέα* であり，英語では idea です。アイデアの本来の意味は，その事物の本質であり，その本質が解ることで，日本語でいうアイデアが生まれるのです。われわれに対象とする事物があって，そこから何かを創造するときに，この「イデアは何だろう？」を問うことから始めたいですね。

☕ ひと息

三角形　形は無限　本質一つ

善く生きる　生きかたさまざま　根は一つ

下敷きの　本質知れば　応用無限

創造のためのものの考え方

27

帰納法ってどんな方法？

　哲学的なものの考え方は，大きく「演繹法」と「帰納法」に分類できます。演繹法は一般的原則から論理的な規則のみによって唯一の結論を導き出す方法です。一方，帰納法は個々の特殊な存在や事実から，一般的原則を導きだす方法です。自然現象に帰納法を適用する場合の「個々の特殊な存在や事実」をつまびらかにします。そのため，ガリレオは「実験」を取り入れました。実験によって，物体の落下距離は落下時間の二乗に比例するという結果を得ました。ニュートンはこの実験結果を数学的に整理して，物体一般の運動に関する三法則を創り上げました。万有引力の法則も同じような経路をたどります。天体観測家ティコ・ブラーエの20数年にわたる惑星運動の観測記録を，ケプラーは楕円と対数を用いて整理し，惑星の運動を数学的に記述しました。これがケプラーの惑星の運動に関する三法則です。この法則に力学的解釈を与えたのがニュートンの万有引力の法則です。帰納法を哲学的に考えたのがベーコン（Francis Bacon, 1561-1625）で，『ノヴム・オルガヌム』などの著書で，自然研究には帰納法が必要だと説きました。事物の創造にも帰納法が効果的に使えるでしょう。

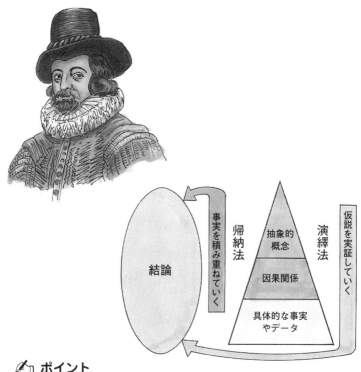

📝 ポイント

　創造は不足を補うものです。不足は個別・具体的です。それに応えるためには帰納法が必要です。

　何かを下敷きとして新たな価値を創造するとき，その下敷きとなる特殊から一般的原則＝イデアを明確につかんで，そこから創造するプロセスを取るでしょう。

☕ **ひと息**　路傍石　深く見つめて　活かす道
　　　　　　リンゴ落ち　落ちない月に　疑問もつ？
　　　　　　常識も　見つめなおして　意味わかる

創造のためのものの考え方

28

アトミズムとホーリズムってどんな考え方？

　ものごとを把握し理解する方法を知ることは，創造のために大切です。科学はアトミズム（atomism）という考え方に基礎を置いています。この行動指針は「分析」です。日本語では還元主義と言います。酸素とある元素が結合する化学反応を酸化，酸素と結合している酸化物をもとの元素と酸素に分離する反応を還元と言います。こうした化学反応における考えを一般化し，すべてのものごとを原子に分離して物質の最小構成要素を見極めようとする思想です。この対極がホーリズム（holism）です。日本語では全体論といい，この行動指針は「総合」です。対象を全体としてみることで対象を理解する考え方です。ホーリズムは，アトミズムは「木を見て森を見ず」だとして批判します。森の個々の木に焦点が当てられ，森全体の植生を見ていないという問題があることを指摘しているのです。アトミズムは微視的（microscopic）な見方，ホーリズムは巨視的（macroscopic）な見方ですが，英語では「i」と「a」の違いだけで逆の見方になるのです。われわれが新たな発想を必要としたとき，自らの思考がもっぱらアトミズムだけに，あるいはホーリズムだけに陥っていないかどうかを反省するために知っておきたい考え方です。

You cannot see the trees for the wood.

You cannot see the wood for the trees.

✎ ポイント

　アトミズムでは微視的にものを観て，ものの本質を最小単位のアトムに求めます。

　ホーリズムでは巨視的にものを観て，対象を全体として観て理解します。

....

☕ ひと息
　　　雑木林　集合体にて　森造る
　　　植物の　塩基配列　ヒトももつ
　　　取り出せば　臓器無機能　ただの肉

創造のためのものの考え方

29

アトミズムによる創造とは

　自然物あるいは傑作といえる人工物などをベースに新たに価値を創造する場合，どのような過程を踏むでしょうか？そのまま使うのでは創造にはなりません。ものであれ，方法や思想であれ，それらは，その基本である本質とそれを支える属性からなります。ガリレオは物体が落下する本性を明らかにするために，落下現象が再現性よく確認できる人工装置を作り，物体の落下距離は落下時間の二乗に比例するという本質を確認しました。ガリレオの実験結果を受け，ニュートンは物体の運動を考え方のアトムというべき運動の三法則で表現しました。この法則は光の速さ近くで運動する場合を除き，物体の運動をほとんど説明できます。このようにアトミズムはすべてのものをアトムに分解し，最小構成要素を見極め，そこから現実を説明しようとする思想です。ものごとの本質を見極める分析能力は，創造性を支える能力でもあります。いくつかのまったく別な現象があり，これらのアトム，すなわち基本要素が同じであれば，このアトムのレベルでは別な現象も同じように思考し観察できるのです。これはわれわれの思考の効率を上げます。心理学的にはこのような思考を収束的思考と言えましょう。

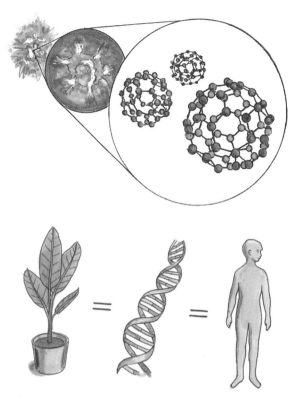

✍ ポイント

　アトムに分解すると，別世界のことが同じ世界のことに見えてきます。

　ある世界の現象や知見が，別世界でも同じに見えることで新たな価値を造ることがアトミズム的創造です。

☕ ひと息　　被造物　アトムに分ければ　みな同じ
　　　　　　　アトムから　観ればすべては　同根だ
　　　　　　　全体を　見渡す科学　未熟なり

創造のためのものの考え方

30

ホーリズムによる創造とは？

　身の回りのものは，ある目的が実現するように要素が組み合わされています。これをシステムと呼びます。システムを構成する要素の特性からだけでは，システムは理解できず，組み合わせに本質があるという考え方がホーリズムです。要素の組み合わせをつうじて要素単独では思いもよらない特性が発現します。これがシステム創造の醍醐味です。発明とは「自然法則を利用した技術的創作」であり，自然法則はアトミズム的思考によりまとめられた知見です。これらを組み合わせて，自然現象単独では実現不可能な機能を有する人工装置の構築が発明となります。これはホーリズム的創造です。この組み合わせ技術には，焦点を絞って深く掘り下げる思考とは逆に，ものの本質をとらえつつ，さまざまなもののつながりの意義を発見するような思考が必要です。「さまざまなもののつながりの意義を発見」する思考は，ある場所を深く掘れば済むアトミズム的思考とは異なります。ときに非論理的な思考の飛躍や発想の転換が必要であり，ホーリズムによる創造の本質がここにあります。心理学的には，このような思考を発散的思考と言います。

✎ ポイント

　発明とは既存のものや知見を組み合わせる新規な価値を生み出すことです。

　目を皿のように広げて，さまざまなもののつながりの意義を発見し，価値を創造することがホーリズム的創造です。

・・

☕ ひと息　　システムは　二つ以上の　組み合わせ
　　　　　　　　組み合わせ　工夫をすれば　価値を生む
　　　　　　　　結婚式　夫婦はまさに　システムぞ

31

雑多なものごとの整理はどうするの？

　あまり整理されていないものごとを，階層構造に整理すると，われわれはなんとなくその全体像が分かったような気がします。広い全体を説明する大定理があり，その下に，部分を説明する定理群があります。そしてその下に，さらに狭い部分を説明する系があるという構造です。法体系も，憲法をトップにさまざまな法律がその下に並び，さらにその法律の施行法，省令等々と階層構造になっています。もしもすべてを説明できる定理があり，それを理解できたとすれば，われわれは心理的にとても楽になり，思考の効率も上がるでしょう。したがって誰しもが大定理を作りたいと願うのです。科学者は大定理を構築すべく心血を注いでいるのです。思考ではなく行動でも，ある目的が定まれば，この構造は効率的にことを進めることができます。会社組織は社長をトップとして部長，課長，係長と権限を分担した階層構造を作っています。軍隊も同じ構造を持っています。この思考はすべてのものを構成する最小単位でのアトムを見極め，いくつかのアトムから分子が作られ，それを組み合わせてシステムが作られるという理解のしかたです。アトミズムと並んで，われわれがものごとの考えを整理し理解する方法としてこの階層構造的理解は大切です。

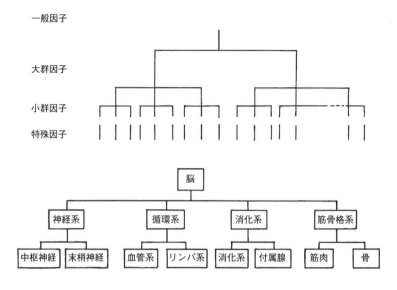

✎ ポイント

　大概念をトップに中概念，その下に小概念というピラミッド構造が，階層構造的理解です。階層構造（ハイアラキー）は人間が受け入れやすい知識の構造です。

．．

☕ ひと息　　ハイアラキー　思考の整理の　一構造
　　　　　　　　誰しもが　階層整理　よくわかる
　　　　　　　　ハイアラキー　好きではないが　やむを得ず

創造のためのものの考え方

32

フィードバック循環構造って何がいいの？

　階層構造は概念を大，中，小と分類し階層化する構造で，人間には理解されやすい構造です。物質やエネルギーあるいは情報が循環的につながる構造が「フィードバック循環構造」です。複数の要素が直列的につながり，後ろの要素は前の要素の影響しか受けないとする直列接続システムの場合，システムの特性はほぼ推定できます。しかし，最後の要素を最初の要素の入り口につなぎループをつくると，このシステムはまったく異なった挙動をします。このように，最後尾の要素が最前列の要素につながったシステムがフィードバック系なのです。二つの要素が互いに影響を及ぼしながら組み合わされたシステムは，その内部にフィードバックが存在します。三つ以上の要素の場合でも同じです。すべてのシステムは多くの要素が原因 – 結果の連鎖でつながり，併せて部分的に結果から原因にフィードバックされたり，システム全体においても結果が原因にフィードバックされたりしています。自然，生態系，人工物，人間の体内や心もフィードバック系であり，そこに対象の理解の困難さがあります。フィードバック・システムを創造するとき，そこには創造者が想像もできなかった面白さや怖さがあるのです。

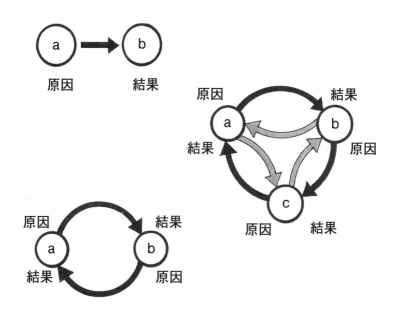

✍️ ポイント

要素間にエネルギーや情報が循環するシステムをフィードバック循環構造と言います。因果の連鎖の最後尾の結果を原因に返すフィードバック系では，予想もできない現象が現れます。

☕ **ひと息**　　帰還系　その特性を　ガラリ変え
　　　　　　　安定性　フィードバックの　なせる業
　　　　　　　傑作は　フィードバックを　内包す

創造のためのものの考え方

創造のためのものの考え方

　この章は，目を通してくれた家内には不人気であった。要するに解らないということである。デカルト，プラトン，ベーコンやアトミズムとホーリズムなどは言ってみれば当然のことで，ことさらに「演繹」や「帰納」などの難解な言葉で述べる必要があるのかということである。また階層構造はなんとなくわかるとして，フィードバック構造は「鶏」が先か「卵」が先かの循環運動系であり，このような現象は身近にあるもののわかりにくい。ホーリズムのなかでシステム思考について触れ，システムの例として結婚があるとして，その挿絵をいれた。これは「システムとは二つ以上の要素が合目的に有機的に結合したもの」という内容を表したのである。またまた解りにくい言葉で説明してしまった。筆者などはシステム工学やフィードバック自動制御を専門の一つとしてきたのであり，つい当たり前と思ってしまうのである。

　この章は「ものの考え方」としたために，当たり前のことをあらためて考える哲学になった。このことが家内の不人気をかってしまったのであろう。

創造における学び

33

創造能力の涵養は可能なのでしょうか？

イエスと言っておきます。創造性は不足を感知して発現します。その初めは生理的欲求，すなわち生存と種の保存欲求の不足です。植物は種の保存のために，与えられた環境のなかで光を求めて成長します。またより適切な環境を求め，種を飛散させ，住む場所を拡張します。これらは植物の個体としての意識や自我に基づくものではなく，何世代もかけて経験的に得られた種の意志が，DNAに組み込まれたものです。個体が経験する前から備わっているという意味で，このような知を先験的と呼ぶことにしましょう。個々の植物は種の保存のために，与えられた環境下で，先験的にしかし創造的に光を求めます。肉食動物も先験的な知を持つとともに，個体の経験を通じて捕食において創造性を発揮します。動植物ですら生理的欲求に対しては創造性を発揮しているのです。大きな頭脳を持つ人間は，生理的欲求や安全欲求に対する不足に，より巧妙で高度な創造性を発揮します。孤島に漂流したとき，私たちは砂浜に坐して死を待つでしょうか？ 飢えや乾き，そして一夜の寒さの経験は，そこから回避すべく行動し，より巧妙に安全に生き延びるための術を見出させるでしょう。さらに人は，望郷の念にかられて，詩も作ることでしょう。

✎ ポイント

　植物であれ動物であれ，生存と種の保存のために創造的活動をしています。

　人間は動物より大きな頭脳をもち，幅広い創造性を持ちます。大きな頭脳には多くの経験的知識を蓄えることができ，それが創造性をさらに豊かにします。

☕ ひと息

　　　ツタの指　巧みに枝を　見つけ出す
　　　うらなりも　光求めて　枝のばす
　　　巨大脳　創造性が　溢れ出る？

創造における学び

34

人間に残された最後の砦？

　科学は一定の手法と手続きに従って，未知なる現象の原因と結果の関係を明らかにします。その結果，人類には未曾有の益がもたらされました。自然のエネルギーを用いた機械は，人間の肉体労働を大幅に軽減しました。また20世紀に入って発明されたコンピュータは，人間の知的労働を軽減しています。最近のコンピュータは，将棋の名人と互角に戦えるようになるまで発展しました。人間の肉体労働や知的労働が軽減されると，そのために必要であった人間の能力は退化します。スポーツで体を鍛えている人は別として，肉体労働が必須であった時代の人間に比べれば，現代人は肉体的に退化しています。また，ワープロを使いだすと漢字を忘れ，カーナビ搭載の自動車を運転すると土地勘が鈍ります。コンピュータはこのように，人間のある種の知的能力を退化させてもいます。もし創造の過程が科学的に明らかになって手順として整理できたなら，知的生命体である人間は何を行えばよいのでしょう。創造プロセスの明確な道標はありません。ヒラメキなどを含む知的活動は人間に残された最後の砦です。こう考えると，この文明社会では意識して創造性を育む努力が必要です。

かかわる　係わる
関わる　拘わる

✎ ポイント

　科学技術の成果は，人間に未曾有の利便性を与える一方，人間が持っていた能力を退化させています。

　創造を，すべて科学技術に委ねることはできません。創造性は知的生命体である人間に残された最後の砦です。

☕ ひと息

　　万能の　はずの科学が　ヒト退化させ
　　文明を　文化がなかなか　受けきれず
　　科学者は　科学を万能と　思わざる

35

教育と学習はどこが違うの？

　教育の主体は教える教師です。一方，学習の主体は学ぶ「私」です。45年間大学教員を務めた者としての到達点は，「教育とは教えないこと」です。自分が苦労して仕入れた知識を教えたくなるのは人間の性です。教師はつい自慢げに教えたくなるのです。とはいえ，給料をもらって自慢ばかりしているような仕事は許されません。教師の仕事は，生徒・学生に自ら学びたくなるように仕向けることです。『エミール』のなかでルソー（Jean-Jacques Rousseau, 1712–78）は，「教師の仕事は，子供に余計な知識を詰め込んで歪めるのでなく，子供の持つ本性を信頼して，それを育てるために支援すること」と言っています。ルドルフ・シュタイナー（Rudolf Steiner, 1861–1925）はルソーの考え方を実践するシュタイナー教育を確立しました。ルソーの思想は私の経験と符合します。この教育論が創造性を育むのです。ただ，活きた知識の量は創造性の範囲を広めます。個々の経験や納得して学んだことは，たとえそれが意識の中にはなくとも，フロイトのいう無意識の中に記憶され，必要性が高ずれば意識に顕在化されるはずです。納得したことは高次の脳機能とリンクして記憶に残ります。詰め込み知識は無意識の中にすら残らないでしょう。

✎ ポイント

　教育とは生徒・学生のもつ本性を信頼して，それを育てることです。

　学習は，納得を得たとき，その内容が高次の機能とリンクして脳に記憶されます。たとえその内容が意識されなくても，必要性が高ずれば，意識に現れて顕在化します。

　このような学習が創造性を育みます。

☕ ひと息

　　　教育は　子供を信じ　伸ばすこと
　　　教えない　これぞ教育　真髄ぞ
　　　納得は　忘れていても　蘇る

36

創造における学びの在りようは？

　創造における学びは，当面の課題，例えば期末試験をクリアするような勉強とは異なります。試験では，このタイプの問題が出たらこの解法を即座に選ぶという訓練が必要です。予測される課題に対して「構え」を作っておき，与えられる想定内課題に即座に対応することです。これは兵士などでも必須な訓練です。創造はそれほど切迫した状況での知的活動ではありません。むしろ時間がかかるけれども想定外のことを創り上げることであり，このためには，対象の本質をつかむような学習が必要です。知っていたつもりの知識を再確認し，いくつかの対象との関係を経験し，さらに体験して確認するような学習です。何かを創造しようとするとき，その初めから終わりまでのストーリーを作り，創造したものの姿形を描き，実際に試作してみるような学習もあります。このような学習には時間がかかります。さまざまなテーマのもとで創造の経験を重ねていくと，その経験が頭にしみこみ，創造のいくつかの構えが作られます。想定外の課題でも過去の経験の中から類似した経験を引き出し，与えられた課題に経験をアナロジー的に適用することで，それほど苦労なく洞察できるようになるのです。

🖊 ポイント

　創造は予測される課題に対して準備して「構え」を作る勉強とは異なります。創造性を育む学習は，経験をつうじて対象の事の本質をとらえ，それをさまざまな状況で活用できるようにする学習です。

☕ ひと息

　　一夜漬け　創造の学びと　別物だ
　　本質を　捉える学び　創造育む
　　柔軟さ　いかなる問いにも　対応す

創造における学び

37

アンラーン（Unlearn）とは？

　Unlearnという英語は辞書では「学んだことを忘れる，忘れるように努める」です。用法は，「unlearn preconceptions」「いろいろな先入観を捨てる」です。意味は，外側から形式的に分かったつもりのことは忘れて，内側の本質を学びなおせということです。「学びほぐす」という日本語が適切でしょう。直角三角形についてのピタゴラスの定理を「斜辺の二乗は他の二辺の二乗の和に等しい」をただ覚えた人と，証明まで読み込んだ人では，この定理に対する思考の広がりは違います。証明を読み込むと，ギリシャ時代どうしてこんな証明ができたのかと思いが馳せられます。ニュートンの万有引力の法則も，公式は知っているがどう証明されたかを原典で読んだ学生はいないでしょう。原本はラテン語ですが英語の方言ぐらいに考え，原本の図を見ながら証明を読み込むと，この証明の仕方に感動します。このような体験が学びほぐす一つの方法です。物事を知ることの深さは，その人の経験や興味および専門で異なるでしょう。それはそれでよく，自分の身の丈に合った学びほぐしをしたいものです。買ってきたセーターをそのまま着るのでなく，一度，毛糸に解いて，自分の体形に合ったように編みなおすということです。

✍ ポイント

アンラーンとは無学という意味ではなく，いろいろな先入観を捨てるという意味です。

物事の本質を自分なりに理解することです。

☕ ひと息

　　Unlearn　学びほぐすと　和訳する
　　　　　先入観　アンラーンの　対象ぞ
　　　　　役立たぬ　知恵に固執　無学知れ

創造における学び

38

最高の教室ってどこ？

　何事であれ，現場は最高の教室です。教科書に書かれていることは誤りではありませんが，それを読んでわかったという人はほとんどいないでしょう。試験の問題に解答できるという意味でわかったのであり，実体としては分かっていません。テレビでプロ野球の選手の投げたボールのスピードが時速154キロメートルと言われても，経験者以外はピンときません。そのボールを自分のグローブで獲って，その桁違いのすごさがわかるのです。パソコンを買ってきてマニュアルを読んでもよくわからないが，実際パソコンを箱から出していじってみて初めてマニュアルの言いたいことがわかった，という経験があるでしょう。現場経験にはそれなりの時間がかかります。この代替が展示会の参加や工場などの見学です。展示会で初めて見る製品もあるでしょう。そこではこんな製品があるんだと経験が積めます。馴染みの製品と見比べると，その進歩に驚くでしょう。工場見学に行くとわれわれが何気なく使っている物の製造過程がよくわかり，その物に対する想いも一段と深まります。中学を卒業して集団就職した友人が，物事を最もよくわかっています。現場は物事の本質を教えてくれる最高の学府なのです。

観察し確認する

🖊 ポイント

現実は嘘をつきません。誤った実験装置では思い通りの結果はできません。現場は現実の場であり，厳しいですが最高の学びの場です。

現場体験や実物を見る展示会は，学校の教室より優れた教室です。

....

☕ **ひと息**　　最高の　学び舎求め　現場立つ
　　　　　　　　集団で　就職せる友　賢者なり
　　　　　　　　社会こそ　実識授ける　学府かな

創造における学び

39

温故創新，これなに？

　温故知新は論語の中の四文字熟語です。「故きを温めて新しきを知る」という意味です。温故創新とは，「故きを温めて新しきを創る」のつもりです。アリストテレス（Aristoteles, B.C. 384–B.C. 322）は，2300年も前に学問の体系を作りました。個別具体的内容は新しくなっていますが，その基本は今でも変わりません。スマートフォンなどのシステムは20年前と比べれば隔世の感がありますが，この内部の部品の原理は昔からあるものです。先端科学技術と言っても古典的な科学を基礎にしています。本物はいたるところに転がる路傍の石のように慎ましやかに本質の顔をのぞかせているのです。ある目的をもって使われているとき，物にはその機能しかないように見えてしまいます。しかし，本物には多様な展開が可能です。物理学の法則として整理された現象のどれを持ってきても，多様に活用できるのです。電気抵抗体はまさに抵抗器としての用法がありますが，そのなかで電子がどう動いているかを考えると，微弱ですが発電していますし，その電圧は絶対温度に比例します。回路屋さんはこれを雑音といって嫌いますが，考えようによっては絶対温度計でもあるのです。

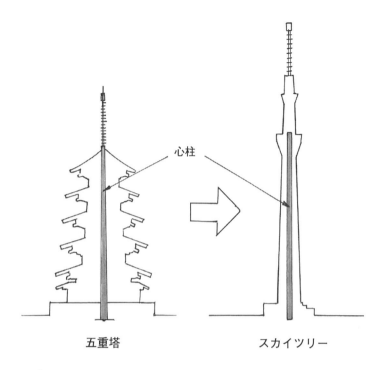

五重塔　　　　　スカイツリー

🖋 ポイント

　古いから悪いのではない。古くて今も生きているということは，長年の風雪に耐えて生き続けてきているのです。古典です。

　本質は時間を超えて生き続けます。

──────────────────────────────

☕ **ひと息**　　本物は　時空を超えて　輝ける
　　　　　　　　小説の　すべてのネタは　バイブルに
　　　　　　　　旧漢字でも　記述内容　新しい

創造における学び

40

想考匠試，これなに？

　本書イラスト担当の城井は，創造のプロセスを「想考匠試」という四文字熟語で表しています。「想」は想像の想であり，考えのイメージ（像）を創り上げることです。はじめこのイメージはぼやけたものでしょう。「考」は，このイメージのもとで思考します。思考は言語を用いて論理的に内容を考えることです。「想」と「考」は循環しており「考」の結果として「想」がよりクリアになるでしょう。そしてそのクリアな「想」でまた「考」えるのです。そのうち「想」「考」ともに収束してくるでしょう。その段階で「匠」すなわち美しく形作ってみるという段階に入ります。建築家ル・コルビュジエは，機能美という考え方を建築に取り入れました。建物が機能的であればそこに美があるという考えです。「匠」の結果，美しくないものにはまだ何か問題があり，「想」と「考」の循環系に戻します。「想」・「考」と「匠」の循環の中でさらに内容がチューニングされます。最後に「試」において，それを試作して創造したものが本当に機能するかどうかを確認するという作業になります。人工物の代表例である自動車は，まさにこのようなプロセスを経て作り上げられるのです。創造においては，この想考匠試を意識して取り組んでほしいものです。

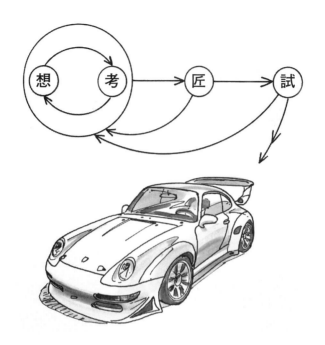

✍ ポイント

　ものを作り上げるとき，さまざまな入り口があります。機能はおおよそイメージできるのでかっこよく作り上げたいとか，そもそも機能が実現できるかどうか判らないのでまずそこを掘り下げようとか，です。想考匠試は循環系です。どこから入っても，結局は「イメージすること」「考えること」「美しくつくること」「試してみること」は必要です。

....

☕ **ひと息**　　創造性　「想考匠試」が　その手順

　　　　　　　創造性　その入り口が　想像性

　　　　　　　大定理　その美しさ　心地よし

創造における学び

41

創造性を育む訓練とは？

　孤島でサバイバル生活を余儀なくされたとき，サバイバル訓練を受けた人と受けない人とでは，不足を満たす度合いが異なります。生命体の生理的欲求において，植物は先験的にDNAに書き込まれたプログラムに基づく対処しかできません。動物はそのプログラムに，経験を加味できる脳を持っています。人間には広範な経験を取り込む巨大な脳があります。サバイバル経験者は，生理的欲求および安全欲求を満たすために，危機に陥ると直ちに周辺を観察して食べ物を探し，水を探し，安全と感じられる場所に家を作ります。これらは創造性のなせる業ですが，経験の有無によって，これらの作業の効率の差が出ます。経験はより豊かな果実を与えます。人間は社会的存在です。人間の脳と脳のあいだの連絡というべき意思の疎通のために，言語を習得し，言語を通じて思考します。この中で社会的欲求や尊厳欲求や自己実現欲求に応えるのです。この欲求は孤島で生き延びる欲求に比べ，飛躍的に複雑であり，社会で生きるということは，経験知にもとづく能力が圧倒的に要求されるのです。そのために教育制度があり，創造性も訓練されなければならないのです。

✐ ポイント

　大きな脳を持つ人間は，生まれながらの創造的知識構造に基づいて経験を積み重ねることで，豊かな創造性を発揮します。

　創造性は天賦の才ではなく，努力の積み重ねなのです。

....

☕ ひと息　　巨大脳　活きた知識が　まだ入る
　　　　　　　創造性　訓練かさね　肉となる
　　　　　　　天才は　隠れて努力　涼し顔

創造における学び

創造における学び

　この章には若干の自信がある。渡邊の助手から教授までの45年間にわたる教育経験に基づいているからだ。また城井の日産のカーデザイナーの経験，およびその後のさまざまな創作活動の経験を通した内容でもある。渡邊の「温故創新」と城井の「想考匠試」は，まさに自分たちの創造のありかたそのものである。とはいえ，教育論について45年の経験を通して「教育とは教えないこと」に至ったものの，ほぼ300年前に生まれたルソーがすでに「教師の仕事は，子供に余計な知識を詰め込んで歪めるのでなく，子供の持つ本性を信頼してそれを育てるために支援すること」だと言っていたのを知って，みずからの浅学を痛感してしまった。逆に，この言葉を知らないまま，45年間の経験で同じような心境に立てたことで，ここに記した内容に確信が持てるようになった。

　現役を終える前の二年間，学生諸君に創造を体験してもらう講義に取り組んだ。はじめは学生諸君の脳は石のように固い。毎回，特許になるような事例を紹介し学生と対話を繰り返した。学生自身が興味あることを深めたレポートは，内容的にも形式的にも十分に特許に値した。

創造の方法

42

創造の段階ごとのメニューってあるの？

　われわれがなにか価値ある新たなモノやコトを創造しようとするとき，その準備の状況はいくつかの段階に分けられます。例えば，①創造における課題の所在すらわからない状況，②課題のテーマや大枠の構造は分かるが，それが具体化できない状況，③課題は明確であり，課題解決の大枠条件は分かっているが，それを新たな発想で展開することに迷っている状況，④課題は明確であるが，課題を解決する技術的ブレークスルーがみつからない状況等です。

　①は何か新たな価値を創りだせと言われ，「頭の中が真っ白」な状態にあり，②はテーマへさまざまなアプローチの考えがあるが，ヒントが出尽くされておらず，また全体構造が整理できていない状態です。③はいい技術があっても，それをどのように応用すればよいかわからない状態，あるいは課題は明確でも，その課題を解決する手段が分からない状態です。そして④はほとんどすべての課題が解決できているが，一つ肝心な問題があって，技術が見えない状態です。われわれは何か新たな価値を創造しようと思ったとき，その課題に対して準備がどの段階にあるかをまず明確にしなければなりません。

🔖 ポイント

　何かを創造する場合「何も考えていない」「大枠が分かっている」「新たな発想ができない」「技術的ブレークスルーができない」の段階があります。

　いま抱える課題がどの段階化をはっきりさせることです。

....

☕ **ひと息**　　誰であれ　始めのうちは　五里霧中
　　　　　　　出発点　解らぬことが　判らない
　　　　　　　解らない　ものが判れば　しめたもの

創造の方法

43

五里霧中で？

「なんでもいいからアイデアを出せ」と突然言われても，人は「課題の所在すら分からない状況」に陥ってしまいます。われわれの日常生活は一見，何の変化もないように過ぎ去っていきます。しかし，20年後の世界には，想像もつかないモノやコトが溢れているでしょう。20年後に開花する宝石の原石は，路傍に転がっているのです。これを拾い上げるためには，それなりの意識が必要です。その一歩が，「不」を感知し，記録しておくことです。「不」から始まる文字は多くあります。不便，不足，不快，不安，……です。これらの中から数語を選び，日常生活のいたるところで，いろいろな時に，この「不」を感じてこまめにメモを取っておくのです。メモは，What, Where, When, Who, Why, How で書くとよいでしょう。この中で How は，そこから「不」を取り除くためのヒントを与えてくれます。これが創造の出発点です。不便から不を取り除くと便（利）になるのです。この取り除く方法が発明です。まず原石の「不」に気付くことです。かつてわが国では，改善提案運動が盛んに取り組まれました。現場で改善の対象＝不便，不合理などを見つけ，それをどうするかを考えたのです。この改善提案運動が，現在の日本製本の品質の良さを支えているのです。

✍ ポイント

　何も考えていない状態から，日常生活の中で「不」の付く用語，例えば不便などを意識することが大切です。

　この「不」の付く状況を発見できたら，What, Where, When, Who, Why, How という観点でそれを分析し，解決策を見つけることです。

☕ **ひと息**　「不」の用語「不」をなくすることが　発明だ
　　　　　　Un・In・不　取り除ければ　しめたもの
　　　　　　不死不朽　不を取り除き　なお意味が

創造の方法

44

「不」から始まる用語の意義？

　メモされた「不」の状況は，その状況だけでしょうか。類似した他の状況の「不」がないか，前意識あるいは浅い無意識の中を覗き込み，いま感じた「不」より広い「不」あるいは狭い「不」を構わず記録して，自分が感じた「不」の位置づけを明らかにします。そしてなぜそのような「不」になるのかの原因を考察します。場合によっては，意味があって敢えて「不」にしているのかもしれません。根拠のない思い込みや伝統でそうなっているのかもしれません。解消すべき「不」であれば，あとはそれを取り除くことを考えるだけです。簡単に対策が見つかる場合もあります。そうでないときには，心の中心転換を図り，立ち位置を変えてこの「不」を取り除くことを考えればよいのです。

　「不」があるからよいと思われる「不」もあります。例えば「不朽」です。しかし朽ちるほうがよいものもあります。例えば地雷は戦争が終われば朽ち果てて無効になってほしいものです。このようなネガティブなものを否定する用語も簡単に捨てないほうがいいのです。本質的に対策が取りようのない「不」，例えば「不死」のような場合にはこの「不」といかに仲良くするかを考えればよいのです。このような発明はひょっとしたら最高の発明かもしれません。

🖋 ポイント

創造との係わりで「不」の付く用語と言えば,「不便」が代表的です。

しかし「不朽」や「不死」などのネガティブなものを否定する用語も見捨ててはいけません。

....

☕ ひと息

　　不便から　不を取り除き　便利かな
　　不便など　不のつく用語　発明の母
　　不朽から　不を取り朽ちる　これもよし

創造の方法

45

発明手帳とは？

　発明手帳を作ることをお勧めします。巻末のフローチャートはその記載内容の流れの例です。この例では，①考えが白紙で「何もない場合」と，②自分が得意な技術かマーケットがあり，その「すでにあるものを活用する場合」の二ケースで分けています。何もない場合は，研究や起業のテーマの選定あるいは趣味としてアイデアを模索する場合です。すでにあるものを活用する場合は，わが社のコア技術を用いた新商品を創造し，会社の顧客への新たな価値の提供を考える場合です。

　後者について簡単に説明します。はじめに，既存のものをベースとして選びます。次にその本質を見極めます。既存のものはどこかで使われています。その先入観を排除することが必要です。そのためのポイントも巻末のフローチャートに示してあります。最後にターゲット（展開例）を見つけ出すこととなります。拡張，類似，連携などの思考をとります。両ケースで発明のヒントが得られたら，ポンチ絵や関連図を作成します。ポンチ絵は発明の本質だけを描くもので，何度か繰り返し修正してアイデアを精査します。その結果を他者に論理的に伝えるために，特許明細書を作成し，さらに実証してみることとなります。

✎ ポイント

　創造についてまだ何も考えていない人の最初の実践は，「発明手帳」を持ち歩くことです。

　手帳に感じた「不」，その状況などを記載し，その「不」を取り除く方法を考える出発点とします。

・・

☕ **ひと息**　　メモこそが　誰でもできる　創造入門
　　　　　　　深層に　沈みし知識　メモに取る
　　　　　　　メモ見れば　新たなヒント　浮き上がる

46

ブレインストーミングと
KJ法って何？

　オズボーン（A. F. Osborn, 1888-1966）が提唱した「ブレインストーミング」や川喜田二郎（1920-2009）が提唱した「KJ法」は，容易な方法ですが心理学的に優れています。ブレインストーミングは与えられたテーマに関して，「自由な発想を妨げない」，「できるだけ多くのアイデアを出させる」，「アイデアの結合で発展させる」を原則とします。これはフロイトの自由連想法でもって，前意識や無意識の中にある，テーマと関係する事柄を呼び起こさせることに対応します。またユング的にいえば，テーマに関して共通の文化圏にいる複数の参加者の集合的無意識を呼び起こし，彼らの頭脳を連携させてアイデアを創造するものです。

　KJ法は，ブレインストーミングで出たアイデアを「一行見出し」のカードに書きます。これらは無意識に沈んだ断片的経験知であり，体系立っていません。カードの内容は特殊因子あるいは小群因子であり，これらを机に広げ，関連する内容のカードを束にし，その束に大群因子としての概念を与えます。大群因子を机上で並べ替え，課題の構造を明らかにする方法なのです。ポアンカレが頭の中で思考したのと同じことを，机上で展開しているのです。

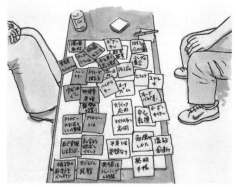

✍️ ポイント

ブレインストーミングやKJ法は簡単な手法ですが,無意識から意義ある知識を引き出す優れた方法です。

人間の脳内で起こるヒラメキを机上で,目の前で行う方法です。

☕ **ひと息**　　脳嵐　沈む知識を　顕在化
　　　　　　　簡単と　KJ法を　侮るな
　　　　　　　内容を　一行見出しに　圧縮す

創造の方法

47

ブレインストーミングは
どう進めるの？

　グループによるブレインストーミングの進め方は前にも述べましたが，次の四原則に基づきます。①発想を限定してしまう「判断や結論」を出さない。②心を抑圧しないよう，批判を控えて，自由奔放にアイデアを出させる。③できるだけ多くのアイデアを出させる。④他の人が出したアイデアをベースに，連想的にアイデアを拡大する。

　発想の観点には次のようなものがあります。例えば，①それがすでにベースのあるものであれば，そのベースの別な使い方はないか，②同じような課題で過去の成功例を探し真似てみる，③ベースの一部を変えてみる，④ベースの適用範囲を広げてみる，⑤逆に焦点を絞ってみる，⑥ベースの一部を別なものに置き換えてみる，⑦ベースのシステムの要素を並べ変えてみる，⑧逆方向から見る，⑨さまざまな組み合わせを試してみる。このような観点から，意見を出し合い，これを何度か繰り返します。このような作業をつうじて，身近なものやシステムあるいはその構成要素にまったく別な機能が見いだされ始め，そこに価値が創造されるのです。

✏️ ポイント

ブレインストーミングは判断や結論を出さず，自由奔放に多くのアイデアを出し，アイデアにアイデアを重ねる方法です。

与えられるベースから出発する場合，ベースをさまざまな観点から見たり扱ったりします。

☕**ひと息**　無責任　自由奔放　脳嵐
　　　　　他人の脳　すごいと思い　まねをする
　　　　　そのヒント　良いと褒めれば　またヒント

創造の方法

48

一人ブレインストーミングは
どう取り組むの？

　自分一人でのブレインストーミングも可能です。KJ法で使う名刺大のメモカードを用意し，ポケットかバッグに入れておきます。電車やバスの中，喫茶店，ときには自分の書斎など異なった環境のもとで，課題についてのイメージをメモに書き留めます。本は知識の宝庫で，われわれの頭脳に記憶されていないさまざまな知識が書かれています。課題に関係する本を読み，興味ある部分を一行見出しとして書き出し，併せてそのページと段落をカードに記載しておきます。記載内容に刺激を受けてイメージされたことや誘発されたアイデアもカードに書き留めます。本にもよりますが，このようにして本一冊につき，本の内容と自らのイメージのカードが100枚程度は作れるでしょう。数冊の本を読むと200から300枚程度のカードになります。本の代わりに信頼できるインターネット情報も同じようにカード作りに役立ちます。このカードを本の目次に沿って並べておくと，その本の内容に沿った課題に関するサマリーが作れます。このようにして作られたカードを，KJ法による体系化過程でグルーピングし，そのグループの大概念を定義します。これらを構造的に整理するのです。

🖉 ポイント

　ブレインストーミングは複数の頭脳のコラボレーションです。置かれている状況が一人でも異なると，別の無意識を引き出せます。

　課題について思いついたことをKJ法の一行見出しとしてカードに書きこみます。

....

☕ ひと息　　喫茶店　脳嵐には　うってつけ
　　　　　　　新幹線　退屈しのぎに　脳嵐
　　　　　　　散歩にて　スピード緩め　考える

創造の方法

49

無意識の中のアイデアの KJ 法による抽出？

　体系を考えながらアイデアを出す作業は脳に大きな負担となります。また，体系化は意識的思考でなされるために，前意識や無意識に潜むアイデアの顕在化を抑制します。前意識や無意識に潜むアイデアを顕在化する段階と，それを体系化する段階を分けると，脳への負担は軽くなります。前述したように，ブレインストーミング法とKJ法の組み合わせは，まさにこの段階分けに対応します。KJ法はイメージの体系化ですが，この方法に通じた人がブレインストーミングとKJ法を行うと，彼にはすでに体系が頭の中にあり，その体系に合うようにこれらの手法を無意識のうちに制御するのです。そこから生まれるものは，容易に体系化できます。それは，想定内のものであることも多いですが，むしろポアンカレの数学証明も想定できなかったものであったように，集められたカードの体系化は想定外のものであったほうが面白く，創造性に満ち溢れます。われわれがヒラメキを感じるときのように，心を無にして，目の前に置かれた一行見出しが書かれたカード（無意識に沈む知識）を可視的に結合し，総合して，ヒラメキを机上で発生させるのです。

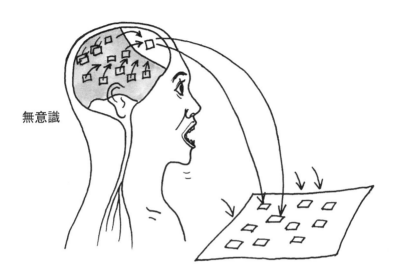

無意識

✍ ポイント

　KJ法の前の段階のブレインストーミングは，前意識や無意識に潜むアイデアを引き出す段階です。

　結果を想定することなく自由奔放に考え，アイデアからアイデアを連想し，それを一行見出しに書き出します。

・・

☕ ひと息

　　無意識に　隠れし知識　吐きださせ
　　KJ法　アイデアの断片　メモにする
　　アイデアが　鎖のごとく　引きあがる

無意識の中のアイデアの KJ法による体系化?

　物事を階層構造的に整理すると解りやすく感じます。階層構造は全体を表す最上位概念（一般因子）と，それを支える中概念（大群因子），その下の下位概念（小群因子）等からなる構造です。KJ法による一行見出しを下位概念とし，同じような内容のものを一括りに集め，その集まりに概念を付与します。この概念が中概念となり，これら中概念を統括する概念が最上位概念となり，これで階層構造的体系が作れます。大中小概念の間にさらに中間概念がありえます。一行見出しを何度もグループ化し直し，グループを並べ替えて階層化を図ります。解りやすく美しい構造になったら完成です。一方，グループ化された概念が階層的ではなく原因－結果，その結果が原因となり次の結果を生むという因果の連鎖で結びつけられることもあります。そのとき，ある結果が前の原因に影響を及ぼすフィードバック構造を持つことがあります。特に関係を深く掘り下げると，そこにフィードバックが内在していることがしばしばあります。KJ法での体系化では，このような階層構造やフィードバック構造体系があり，ときとしてこれらが混在することがあります。

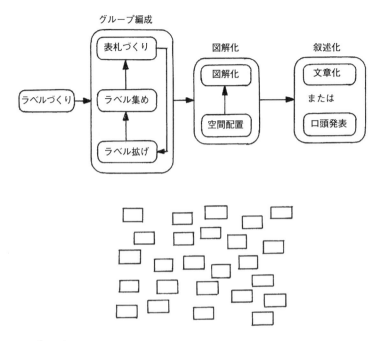

🖋 ポイント

ブレインストーミング法を通して集められた断片的知識カードはグルーピングされ中概念化されます。

それらを与えられたテーマを最上位とする階層構造に配置したり，中概念の相互作用を循環構造的に整理することで断片知が体系づけられます。

....

☕ ひと息　　チリヂリの　知の断片を　組み合わせ
　　　　　　　じっと見て　思いもつかぬ　体系化
　　　　　　　概念の　因果をつなぐ　ダイアグラム

創造の方法

51

アナロジーと等価変換法とは？

　等価変換法は市川亀久彌(きくや)（1915-2000）が整理した発想法です。この方法はアナロジーの方法を具体化したものです。ある物事と別な物事の間の類似性に注目し，そこから新たな物事を発想・展開させる方法です。与えられる物事をベース，展開先の別な物事をターゲットとします。等価変換法はこのベースからターゲットへの展開の道標を示しています。完成された製品・サービスをベースにして，新たなターゲットに展開する順方向と，逆にターゲットが与えられ，それを実現するベースを見つけ出すという逆方向の二つの道筋があります。前者では，今ある商品・サービスに含まれる本質を抽出し，それをもとに，新たなターゲットに展開します。後者は，注目するターゲットを実現する方法や技術を探し出すこととなります。いずれも多くの可能性の中から答えを見つけ出すことになり，発散的な思考が必要です。この方法は「不」の感知の訓練という初期的段階，漠然とではあるがテーマが与えられたときに用いられるKJ法よりもさらに具体的な状況で新たな物事を創造する場合の方法です。とはいえ，このような状況でもなお，「不」を感知するところから始まる方法やKJ法は有効です。

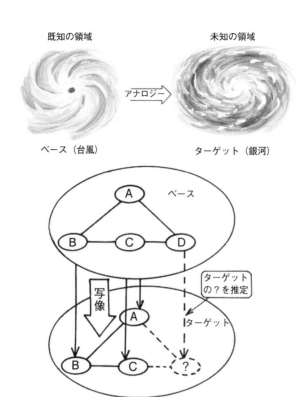

ベース(台風) ターゲット(銀河)

✍ ポイント

等価変換法とはアナロジーによる創造の方法を具体化したものです。

アナロジーにおけるベースとターゲットの構造を明らかにして創造に役立てます。

☕ ひと息　　創造の　種は脳内に　すでにあり
　　　　　　　ベースより　等価変換　ターゲット
　　　　　　　観点で　等価変換　異構造

創造の方法

52

等価変換法の原理とは？

　いまベースとターゲットの実体は別物とします。ベースが定まり，ターゲットが定まったとします。図においてベースを記号 A_0 で表します。ベース A_0 はさまざまな観点から観察することができます。その観点を選定し V_i とします。観点 V_i から，ベース A_0 をターゲット $B_τ$ に変換するために必要となる条件 c 下において，ベース A_0 の本質を ε とします。条件 c と本質 ε においてベース A_0 とターゲット $B_τ$ は等価であるなら，A_0 と $B_τ$ を等号 = で結びます。ベース A_0 の本質 ε だけを残すためにそれ以外の物事 ΣSca-i を取り除きます。ターゲット $B_τ$ を実現するために，この本質 ε に物事 ΣScb-i を付加します。このように考える考え方が等価変換です。実際はベースが定まりターゲットを定めること，あるいはターゲットが定まりベースを何にするかが大変な問題です。最初は悩ましいかもしれませんが，この等価変換の構造を頭の中に入れておくと，これらターゲットあるいはベース探しのヒントが得られるでしょう。

　何事もそうですが，読んで「あそうか」で終わればそれまでです。取り組んでみることです。最初は悩むでしょう。ある種の心の壁が立ちはだかるのです。しかし，耐えて一度この壁を越えると，勘所はつかめます。後は手順に従うだけです。

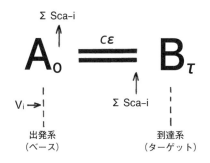

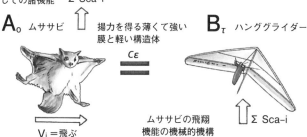

✎ ポイント

　ベースをある観点で見て、ターゲットを見据えます。ベースが成り立つ条件とその本質を抽出し、ベースから不要項を取り除き、ターゲットで必要な項目を付け加える方法です。

　アナロジーは別現象の中の類似性を見出す方法ですが、その類似性を活かして現在化する過程です。

☕ ひと息

　　五里霧中　等価変換　道標
　　入口と　出口を結ぶ　等価変換
　　アナロジー　その類似性　どこにある

創造の方法

53

等価変換における考えるべきことがらの順番？

　等価変換法のベース，観点，条件，本質そしてターゲットはどの順番で考えたらよいでしょうか。ターゲットを定めないことには，発想は拡散してしまいます。ターゲットが定まりこれに基づいて，ベースが選択され，観点が定まり，その本質が抽出されるという順番になるでしょう。このとき具体的なターゲットが決まっているのであれば，創造はほぼ終了です。ターゲットには，漠然とした機能が与えられることが多いのです。ムササビの例ではターゲットは飛翔体だけです。

　メーカーが自社技術を用いて新展開を図ろうとする場合，ベースが与えられ，その本質を見極め，そこからさまざまなターゲットを発見します。商社的機能が強い企業では，ベースを自社で製造しているわけではないので，社外から調達します。このときは，彼らのターゲットから最適なベースを選択することとなります。

　ベースとターゲットは互いに影響しあい，ある種のフィードバック系になっており，いくつかのケーススタディを繰り返し，最適なものに収束させていく過程が必要でしょう。

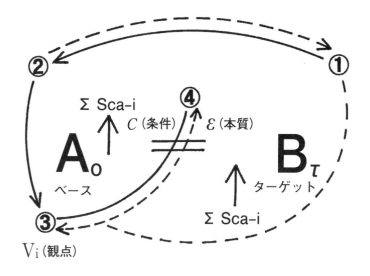

✍ ポイント

　等価変換におけるベース，ターゲット，観点，条件，本質，ベースから取り除く項目，本質に使える項目は互いに関連し，循環しています。

　ベースが与えられるとしてターゲットを見据え，そのときの観点，条件と本質，本質を抽出するためにベースから取り除く項目，ターゲットを実現するために付加すべき項目という順番で考えると容易です。

....

☕ ひと息

　　出口から　入り口めざし　探し出す
　　ターゲット　定まった後　一工夫
　　抽象を　具体化するも　創造性

54

等価変換におけるターゲットはどう設定されるか？

　白紙状態からコトを起こそうと考える場合，すなわち何ら制約条件のない場合のターゲットを見つけるためには，「不」の感知度を上げ，感知した事柄を小まめに発明手帳に記録しておくことから始めます。この記録はそれ自体で価値を持ちます。実際には何らかの枠組み，制約条件の中で創造する場合がほとんどです。会社に勤めていれば，その会社の当面の方針の制約を受けます。まったくの個人でも，その人の興味や経験が制約になります。とはいえ，この枠組みには幾多の条件が絡み合っており，明確でありません。このようなとき，当然ですが枠組みを整理することから始めることになります。会社の方針や自分の実現したいことについて，自分のスキルやそれを実現するために必要な時間やお金を列挙してKJ法的に一行見出しのカードを作ります。これらを構造化することで，実現可能いくつかのターゲットが見え始めます。また，投資という観点から考えるなら，時代のトレンドを読み，そのトレンドの中にある分野について調査してターゲットを探ります。これらの仕事は，企業や国の要請を受けてシンクタンクがやっていることです。

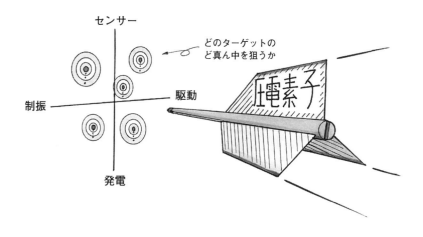

✎ ポイント

　ベースが与えられれば，その変換先であるターゲットは無限にあります。自分の置かれた状況を整理してターゲットを定めることです。

　ターゲットはそれぞれの人の立場や興味で定めればよいのです。

ひと息　　無制限　個性を活かし　絞り込む
　　　　　　独創性　その本質は　個性なり
　　　　　　客観性　個性に溶け込み　傑作が

創造の方法

55

等価変換における本質はどう抽出されるか？

　等価変換でのベースとターゲットは，卵が先か鶏が先かといった具合にフィードバック循環しています。条件，本質の捉え方で，「ベースからなのかターゲットからなのか」が揺れ動くのです。ただ，自社の固有技術とそれに基づく製品をベースにした場合には，等価変換は一方向的です。この場合でも，本質抽出は容易ではありません。すでに製品があると，その製品に対する思い込みによる先入観が発想の広がりにブレーキをかけます。その製品の目的を最大限に満たすよう心血を注いだ開発者は，これを別用途に使うことなどプライドが許さないでしょう。もとの目的をアップグレードする場合には，構えの心理により，直ちにさまざまな発想が湧きます。しかしその目的から少しでも視点を変えてしまうと，心の中心転換ができずに焦点が合わせ難くなるのです。人間がこのような状況に陥りやすいことを，まず認めることです。そのうえで開発した製品の本質を見極めるには，その製品の機能分解が有効です。ドゥンカーのロウソク実験では，「ビョウを小箱に入れて見せた場合」よりも「ビョウを小箱から出してテーブルにおいて見せた場合」のほうが，ビョウ入れ小箱の「ただの小箱」としての機能の発見がしやすくなったのでした。

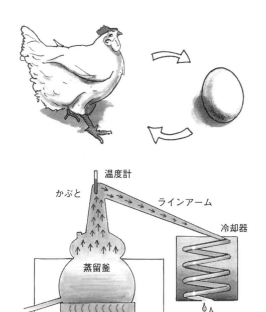

✎ ポイント

　ベースとターゲットの関係はどちらからでも設定できます。どちらからにするかは、その人の立場によります。

　営業担当はターゲットから入るでしょう。技術開発者はベースから入るでしょう。しかしどちらから考えても行き先はいくつもあります。いずれも、その内容を分解し、本質を見極めることです。

☕ **ひと息**　　入口と　出口を結ぶ　ことの本質
　　　　　　　　立ち位置で　本質探り　順決まる
　　　　　　　　本質は　抽象的に　表され

創造の方法

56

トリューズ（TRIZ）とは？

　トリューズという言葉は初めての読者も多いかもしれません。ロシア語の Teoriya Resheniya Izobretatelskikh Zadatch（英語では Theory of Inventive Problem Solving）の頭文字で，発明問題解決技法です。この技法はロシアの特許審査官であったアルトシューラー（Genrich Altshuller, 1926-98）が開発した手法です。彼は 200 万件を超える特許の内容を精査して，分野を超えて使用できる 40 の発明原理を抽出しました。この原理を与えられた課題ごとに適用することで，すべての発明は可能であるという理論です。いま抱える課題にどの発明原理を適用するかを見つけるのが矛盾マトリックスです。設計するとき，例えば「形状はよい」（改善要因）が「強度が不足する」（悪化要因）などの相反することが起きます。トリューズではこれを矛盾と見なします。互いに矛盾する要因として「形状」「強度」「重量」「長さ」など 39 個の項目を用意しています。これらを 39 項目×39 項目からなる一覧表で表します。これを矛盾マトリックスと呼びます。設計者は，いま抱えている課題で，この 39 個から，両立できない二つの項目を選びます。矛盾マトリックス一覧には，この矛盾を解決する発明原理がいくつか示されています。これをヒントに矛盾を止揚する方法を発見し，課題を解決するというものです。

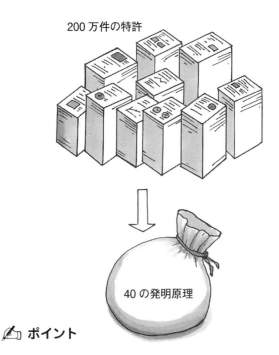

✍ ポイント

　私たちが何か発明したとき，これは世界初と思ってしまいます。200万件も特許を分析すると，発明は意外と少ない発明原理の枝葉でしかありません。アイデアが思い浮かばないとき，この知恵を借りることです。

　トリューズの発明原理は抽象化された幹の部分です。具体化し，枝葉に展開する方法は示されていません。その展開には独自性が発揮できます。

....

☕ **ひと息**　　トリューズは　知恵の宝庫で　活かすだけ

　　　　　　　纏めれば　発明の素　40個

　　　　　　　トリューズが　支えしソ連の　宇宙開発

創造の方法

57

TRIZにおける40の発明原理とは？

　ここで40の発明原理を紹介しましょう。#1分割，#2分離，#3局所性質，#4非対称，#5組み合わせ，#6汎用性，#7入れ子，#8つり合い，#9先取り反作用，#10先取り，#11事前保護，#12等位，#13逆発想，#14曲面，#15可変性，#16アバウト，#17多次元移行，#18機械的振動，#19周期的作用，#20連続性，#21高速実行，#22災い転じて福となす，#23フィードバック，#24仲介，#25セルフサービス，#26代替，#27使い捨て，#28メカニズム代替，#29流体作用，#30うす膜利用，#31多孔質，#32変色，#33均質性，#34排除再生，#35パラメータ変更，#36相変化，#37熱膨張，#38高濃度酸素，#39不活性雰囲気，#40複合材料です。これらの日本語名称は『トリーズの発明原理40』（高木芳徳著，ディスカヴァー・トゥエンティワン）を採用しました。ついでながらこの図書はトリューズ関連図書の中の推奨図書です。

　例えば#7の入れ子原理はロシアのマトリョーシカ人形と同じで，人形の中に順次小さめの人形を入れるような構造のことです。具体例は，釣り竿やカメラの三脚などで，円筒内部に順次細い円筒を入れ，引っ張り出すと長くなります。「体積」が小さいために，「長く」できなかった矛盾をこれで解決します。

✏️ ポイント

　40の発明原理では，はじめは抽象的で一般的な方法がラインナップされており，徐々に具体的なものとなります。

　発明原理は抽象化されているため，そこから自分が抱える課題の間には距離があり，それを埋めるのが発明行為となります。

....

☕ ひと息

　　　200万　40個に　抽象化
　　　抽象を　具体化するに　工夫要る
　　　幹だけで　枝葉がなければ　木偶の棒

創造の方法

58

TRIZにおける39の矛盾要件とは？

　TRIZのどの発明原理を用いればよいかを検索する表が，39×39の矛盾マトリックスです。この行と列には，同じ39個の矛盾要件が並べられ，当面する課題で矛盾する二つの要件を明らかにし，マトリックスの行と列に当てはめます。その交点に推奨発明原理があります。

　39種類の矛盾要件は次のとおりです。1. 移動物体の重量，2. 静止物体の重量，3. 移動物体の長さ，4. 静止物体の長さ，5. 移動物体の面積，6. 静止物体の面積，7. 移動物体の体積，8. 静止物体の体積，9. 速度，10. 力，11. 応力または圧力，12. 形状，13. 物体の構成の安定度，14. 強度，15. 移動物体の動作時間，16. 静止物体の動作時間，17. 温度，18. 照度／輝度，19. 移動物体の使用エネルギー，20. 静止物体の使用エネルギー，21. パワー，22. エネルギーの損失，23. 物質の損失，24. 情報の損失，25. 時間の損失，26. 物質の量，27. 信頼性，28. 測定の正確さ，29. 製造精度，30. 物体が受ける有害要因，31. 物体が発する有害要因，32. 製造の容易さ，33. 操作の容易さ，34. 修理の容易さ，35. 適応性または融通性，36. 装置の複雑さ，37. 検出と測定の困難さ，38. 自動化の度合い，39. 生産性。

改善する係数No \ 悪化する係数No		1 移動物体の質量	2 静止物体の質量	3 移動物体の長さ	4 静止物体の長さ	5 移動物体の面積	6 静止物体の面積	7 移送物体の体積	8 静止物体の体積	9 速度	10 力	11 …
1	移動物体の質量			15,8, 29,34		29,17, 38,34		29,2, 40,28		2,8, 40,28	8,10, 18,37	…
2	静止物体の質量				10,1, 29,35		35,30, 13,2		5,35, 14,2		8,10, 18,37	…
3	移動物体の長さ	8,15, 29,34				15,17, 4		7,17, 4,35		13,4,8	17,10, 4	…
4	静止物体の長さ		35,28, 40,29				17,7, 19,40		35,8, 2,14		28,10	…
5	移動物体の面積	2,17, 29,4		14,16, 18,4				7,14, 17,4		29,30, 4,34	19,30, 35,2	…
6	静止物体の面積		30,2,14, 18		26,7, 9,39						1,18, 35,36	…
7	移送物体の体積	2,26, 29,40		1,7, 4,35		1,7, 4,17				29,4, 38,34	15,35, 36,37	…
8	静止物体の体積		35,10, 19,14	19,14	35,8, 2,14						2,18, 37	…
9	速度	2,28, 13,38		13,14, 8		29,30, 34		7,29, 34			13,28, 15,19	…
10	力	8,1, 37,18	18,13, 1,28	17,19, 9,36	28,10	19,10, 15	1,18, 36,37	15,9, 12,37	2,36, 18,37	13,28, 15,12		…
11	…	…	…	…	…	…	…	…	…	…	…	

✍️ ポイント

39個の矛盾項目は物理的項目です。

製品を造る際に出てくる，あちらを立てればこちらが立たずの項目からなります。

☕ ひと息　　問題を　対立矛盾で　定式化
　　　　　　物理的　矛盾解決　トリューズは
　　　　　　ソリューション　矛盾交点　そのあたり

創造の方法

創造の方法

　本書のはしがきで，この本は，創造に関する「私の方法」を見つけてもらうために参考になる小話を書きますと断っておいた。それにもかかわらず，「創造の方法」というタイトルは矛盾するように思う。ここで紹介した方法のブレインストーミング，KJ法，等価変換法およびTRIZは従来から定評があるが，決して完成されたものではない。ただいずれの方法も，創造のなかでの自分の立ち位置をわきまえて使ってみると，何もない白紙状態で考えるよりは効果はある。創造が人間の活動として残された最後の砦であろうから，これらの手順は唯一なものではない。まさに自らの創造性を働かせながら，これらの方法を自由自在に活用すればよいのである。これらの方法の虜になっては，自由な発想ができない。これらを自分流に活用するための方法，さらにいえば，これらの方法を超えるまさに「私の方法」をあみだしてほしい。

　オズボーン，川喜田二郎，市川亀久彌は彼らの経験に基づき，彼らの方法を提案した。アルトシューラーは先人の発明を分析してトリューズ手順を作った。創造の方法自体を創造することは興味深いテーマだ。

創造の過程

59

学生の研究テーマはどう選択するか？

　理工系学生の3年までの学習内容は，数学・物理学の教科書レベルの教養と専門基礎です。高度な専門知識や数学を駆使して理論を構築するには力不足です。一方，指導教授としては，彼らとともに権威ある学会に論文を投稿し，彼らに研究の苦しさとうれしさを味わってほしいとも願うものです。この願望と彼らの力不足との間には矛盾があり，そこに「不満」が生まれます。その不満を解消するには，矛盾を解消する研究テーマを選ぶしかありません。理論研究では，基礎能力の涵養に数年がかかり，研究に取り組む前に学生は卒業してしまいます。実験的研究でも，高度な装置を使って成果を得るためには，装置の使いこなしに時間がかかります。使えるようになったとしても，装置に使われて，研究の独創性はなかなか創りだせません。中心転換を図るしかありません。そのために，学生を交えたブレインストーミングとKJ法でテーマの大枠を定め，研究室で使い慣れた，どこにでもあるデバイスに等価変換法を適用してその本質を抽出します。そしてそのデバイスに若干手を加えることで，新たな分野での価値を作り出すようなテーマにします。これで「不満」は解消されます。創造的研究には，そのテーマ選定に最も創造性が発揮されるべきです。

✎ ポイント

　研究開発で最も重要で創造性が必要な仕事は，テーマの選定です。

　与えられる環境にもよりますが，手元に立派な装置がないときには，路傍の石のようにその辺に転がっているデバイス，あるいは事柄を再度見直すことでヒントが得られます。

....

☕ **ひと息**　　研究は　課題決まれば　ほぼ終わり
　　　　　　　路傍石　これを磨けば　輝ける
　　　　　　　日常性　その中にこそ　新規性

創造の過程

60

モチベーションの上がる研究テーマはどう選ぶの？

　学生は自動車，スマートフォン，環境，医療，音響，ロボティクスなど，ありとあらゆる身近なモノや研究対象に敏感であってほしいものです．彼らを魅了するテーマの選定は，モチベーションの向上と維持の必須要件です．当然ながら学生はプロではなく，一般コンシューマの域にしかおりません．目的には敏感ですが，手法に関してはほとんど何も解っていないのです．等価変換法によって，路傍の石のようなデバイスを彼らの興味とつなげるテーマ設定は一つの方法です．このようなデバイスは，マイクロホン，スピーカ，ブザー，自転車の発電機，換気扇，電波強度計などいくらでも考えられます．マイクロホンは100〜500円程度で購入でき，乱暴に扱っても壊れる代物ではありません．しかし，類まれな超高感度圧力センサとして機能します．この安さが魅力です．壊していいのです．数億円の装置だと，壊さないよう慎重に使います．この慎重さが自由闊達に脳を使うことを時として妨げ，創造性を阻害するのです．安いデバイスだと，壊れようとかまわず，心を柔らかくして自由にいじりまわせます．研究テーマは，ブレーンストーミングとKJ法で選定すると，より創造的になります．読者の皆さんには是非とも試みていただきたい．

✍ ポイント

効果的に研究を進めるためには，参加者のモチベーションが重要です。

できればお金がかからず簡単に取り組めるものを参加者の興味と結びつける工夫ができれば，よい結果を生むでしょう。

☕ ひと息

　　創造は　やる気があれば　成功だ
　　やる気でる　テーマ設定　教授の技
　　教育の　本質問えば　モチベーション

創造の過程

創造の過程

　この章は二話しかないが，私たちの秘伝である。理工系の大学教授は学部4年生や大学院修士の研究テーマを選ぶ際，学会の流行に目が行ってしまう。私の分野でもこの50年間で，最適制御理論，カルマンフィルター，ARモデル，ARMAモデル，デジタル制御，MRAC，繰り返し制御，ロバスト制御，学習機械，ニューラルネットワーク，ファジィロジック，遺伝的アルゴリズム，ベクトルサポートマシン，等と目まぐるしく流行が変遷した。これらを学ぶことも否定はしないが，流行にとらわれず，自らのアイデンティティーを維持してテーマを選択することが大切である。温故創新であり，本書で「路傍の石」を繰り返し使っているように，そのへんに転がっている当たり前のデバイスでも磨けば光るからである。

　そのデバイスと学生の興味をいかに結びつけるかがローリスク・ハイリターンの研究テーマだ。新規なものといっても昔からある原理を小型化した程度，新規の理論といえども数学体系を下敷きとして，その分野にカスタマイズした程度でしかないのだ。

モノづくり

61

マイクロホンを超高感度圧力センサとしてみると？

　マイクロホンはエジソンの時代からある音響デバイスですが，携帯電話やスマートフォンに必ず入っています。この路傍の石のようなマイクロホンを中心転換して圧力センサとしてみたとき，これが驚くべき性能を持っていることがわかります。まさに温故創新の対象デバイスです。人間の聴覚は大きさが 2×10^{-5} Pa 以上で1秒に20～20,000回振動する圧力変動を聞き取ります。2×10^{-5} Paといってもピンとこないでしょう。10cm上の高さで1.4Paだけ気圧が下がります。1秒間に20回以上10cm上下に耳を動かしたとすれば大音響です。これは実感したことはないでしょう。ただ高速エレベーターで移動するとき，鼓膜に違和感を覚えます。これは高さによる圧力変化によります。マイクロホンは人間の聴覚以上の性能を持ち，ほぼ 2×10^{-5} Paからの圧力を計測できます。この気圧変化に対応させると計算上高度 2.8μm です。圧力計測器は，普通は数千～数万 Pa のものがほとんど，最も高感度で，したがって高価なものでも2Paから測れるくらいです。その1/10万の微小な圧力である 2×10^{-5} Pa まで計測できる計測器は，特別なものです。ただマイクロホンは1秒に20～20,000回の振動の範囲でしか測れないという限界があります。

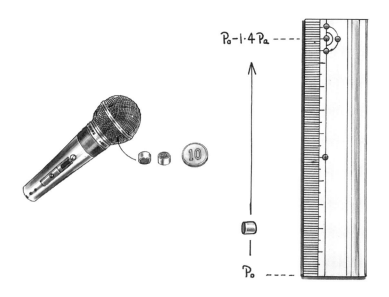

✍️ ポイント

マイクロホンはわれわれの日常に溶け込んでいる音響デバイスです。

じつはこのマイクロホンを圧力センサとしてみると，驚くべき特性を持っており，音響以外でも多くの分野に応用できます。

☕ ひと息

マイクロホン　原理を知れば　応用無限

マイクロホン　誰も気づかぬ　その価値に

一寸の　ものをよく観りゃ　一尺だ

モノづくり

62

マイクロホン型超高感度圧力センサはどう使えるの？

　等価変換法的に説明すると，ベースはマイクロホンであり，観点はマイクロホンを超高感度圧力センサと見なすことです。条件はマイクロホンの使用される環境では空気などの気体があることで，本質は微小圧力を電圧に変えることです。マイクロホンから受圧面前後の圧力を等しくする空気流通穴を塞ぎ，受圧面を同じばね定数を持ち壊れにくい素材に置き換えます。こうしてできたものは1秒間で0.1回〜20,000回振動する2×10^{-5} Pa以上の圧力変動を計測でき，超高感度な圧力センサが作られます。この圧力センサがターゲットですが，このターゲットを活用したさまざまな応用が可能となります。例えば，①象の声から人間の声まで捉えるマイクロホン，②ドアの開閉を検知するセキュリティセンサ，③圧力変動型火災報知器，④ベッドに寝る人の生体計測器，⑤上下方向その速度を捉える昇降計，⑥ゴルフのヘッドアップセンサ等です。超高感度圧力センサデバイスは特色ある部品の一つです。この部品を要素として使うシステムはいくらでもあります。「マイクロホン」といえば「音響」。そこでは高品質な音を目指します。しかし，音の「圧力」の強さに思いが巡れば，その瞬間に「超高感度圧力センサ活用」に発想がジャンプできます。

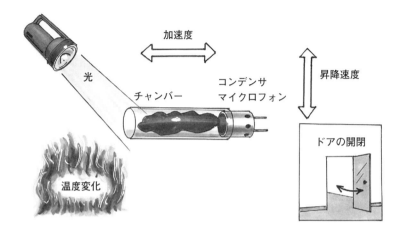

✍ ポイント

マイクロホンの性能を人間の可聴領域より低いところまで広げることは容易です。

これにより，人間には聞こえないきわめてゆっくりした圧力変化も検知することができ，さまざまな応用が展開できます。

☕ ひと息　　風の声　聞けるマイクは　何思う
　　　　　　　　階段を　一歩上がれば　気圧減る
　　　　　　　　野菜くず　料理によって　主菜かな

モノづくり

63

マイクロホン型圧力センサを用いるシステム展開？

　発散的思考で，この圧力センサのシステム展開について考えてみます。携帯電話やスマートフォン端末にはマイクロホンが必ず入っており，従来型マイクロホンに等価変換法を適用して超高感度圧力センサに入れ替えることを考えます。62話の例で示した中で，セキュリティ応用，火災検知器，生体計測を少し詳細に見ます。①ドアの開閉を検知するセキュリティ応用：7階建てのビルの屋上引き戸を開けるとビル内空気が外に排出され，ビル内圧力が瞬時減少し，これを検知します。②圧力変動型火災報知器：火災に伴う炎の揺らぎが圧力変化として現れる。これにより，このセンサ一つで広い空間で火災を検知します。③ベッドに寝る人の生体計測：マイクロホン方端を閉じたシリコンチューブに差し込み密閉します。このチューブをベッドクッションの下に入れます。人間が横たわるとその人の脈動，呼吸動，イビキ，体位変換，セキ等の体の動きがチューブ内圧力に変換され，受圧面がこれを検知します。このマイクロホン型超高感度圧力センサを従来型マイクロホンの代わりに携帯電話やスマートフォン端末で使うと，これらはセキュリティ，火災報知，生体計測健康管理システムに展開できます。

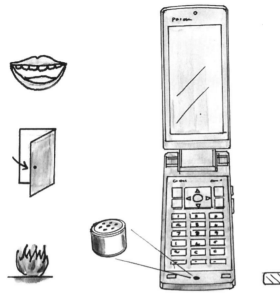

✏️ ポイント

　私たちに最も身近な携帯電話やスマートフォンにマイクロホンが使用されています。

　このマイクロホンを低周波圧力センサとして捉えると、これらの通信端末は一気にその機能を拡大します。

....

☕ **ひと息**　　マイク変え　携帯の機能　大幅アップ
　　　　　　　携帯が　火災報知器　防災センサ
　　　　　　　めらめらと　炎のゆらぎ　マイク採る

モノづくり

64

マイクロホンを真空管の中に入れると？

　マイクロホンにしても圧力センサにしても気体の圧力を計測します。TRIZ#13の「逆発想原理」を適用し天邪鬼にマイクロホンを真空管の内に入れます。圧力の変化を伝える媒体がないために機能しないはずです。しかし実際は音を捉えます。何が起こっているのでしょうか？　マイクロホンの受圧面は質量をもち，この質量に加速度が作用するとニュートンの運動の法則により力が発生し，受圧面が動くのです。これは加速度センサそのものです。この真空管の近くで音を発生すると，音圧が真空管の表面に作用し，真空管が少し振動します。この振動加速度が真空管の中のマイクロホンの受圧面に作用して動くのです。等価変換法流に整理すると，ベースはマイクロホンです。観点は空気の振動であれ物体の振動であれ振動です。条件は真空となり，この変換における本質はニュートンの法則に基づく加速度×質量＝力により受圧面が運動することです。さらに受圧面はバネの特性を持つので復元力があり，振動が加わらない状態ではもとの位置に戻ります。マイクロホンの周辺の空気を取り除き，その状態を保つために真空管の内部に封じ込めたのです。ターゲットは加速度センサです。

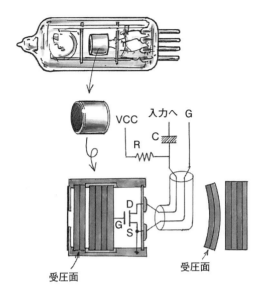

✍ ポイント

マイクロホンは空気の振動を捉えます。したがって真空の中では機能しないように思えます。

しかし等価変換法的にはマイクロホンの本質は「振動を捉える」ことであり，振動センサとして機能します。真空中でも振動があればそれを捉えます。

☕ **ひと息**　　真空で　マイクはなおも　機能する

　　　　　　　マイクロホン　加速度センサへ　早変わり

　　　　　　　スマートホン　情報やりとり　一機能

モノづくり

65

ブザーの本質とは？

　100円で買えるブザーに注目します。古くは磁石とコイルから作られるブザーもありました。構造の単純さとコストから，現在では圧電素子を使ったブザーがほとんどです。圧電素子とは特殊なキャパシターです。ある材料を混合して焼いた薄いセラミック状のデバイスを作ります。この材料に秘密があるのです。この薄いセラミックの表裏面に金属箔を張り付けて電極とします。両電極に電圧を加えるとセラミック板が歪み，逆にこのセラミック板を歪ませると電極間に電圧が表れます。この現象はピエール・キューリーによって水晶を用いて発見されました。現在でもこの原理はコンピュータのクロックに使われています。この電圧と歪み特性は，可逆性と言われます。この可逆性の等価変換的本質は，このデバイスでは電圧→電荷→力→歪み→電圧と，電圧から電圧に戻るフィードバック循環系になっており，循環系の入力を電圧にし，歪みを出力にするか，歪みを入力として電圧を出力にするか，だけの違いです。この圧電素子がフィードバック循環系に内在していることで，素子が多様に応用されるのです。この活用にはTRIZの#13逆発想，#23フィードバックの発明原理が用いられます。

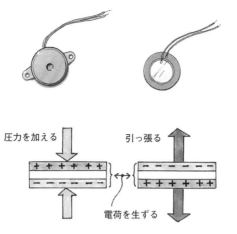

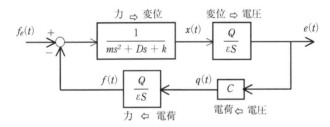

✍ ポイント

ブザーはまさに路傍の石のようなデバイスですが，使用されている圧電素子はフィードバック循環系になっています。循環系の振動電圧を入力とし，素子の機械的振動を出力とすれば音響機器，入出力を逆にすれば振動センサになります。

☕ **ひと息**　ブザーには　循環系が　内在す

　　　　　　出入リロ　入れ替えること　可逆性

　　　　　　ブザー上　アリンコ歩く　音検知

モノづくり

66

ブザーの音質を楽器なみにするには？

　ブザーは「ブー」という哀れな音しか出ないデバイスなのでしょうか。いままでのブザーの使い方ではイエスで，それに見合う価値しかありませんでした。ブザーに音響機器としての格を与えてみましょう。発散的に思考します。エジソンの蓄音機は TRIZ の #18 機械的振動原理を用いており，ワックスに音の信号を溝の深さとして記憶させ，その溝の深さの変化をレコード針が振動として捉えることで音響板を振動させ，TRIZ の #19 周期的作用原理によりラッパで音を拡大したものです。現代の機器に比べると音質はよくないのですが，ブザーよりましです。CDからの音楽信号を電圧に変換してブザーに加えると，キーキー音です。しかし，エジソンの蓄音機の針がとらえた振動に比べたらはるかに原音をよく再現しています。ブザーに足りないのは，この振動を共鳴させ音を拡大する機構です。ブザーの振動板の後部にエジソンの蓄音機なみのラッパをつけるとかなりよい音になります。また TRIZ#5 組み合せ原理の考えでブザーの振動をギターやバイオリンの胴箱に伝えると，それらの楽器の音色で艶づいた音が出ます。この音は楽器でチューニングした音であり，楽器特性スピーカとなります。

✍ ポイント

ブザーの音質に注目する人はほとんどいませんが，エジソンのスピーカより優れた機械振動－音変換機構です。

ブザーに音響共鳴機構をうまく組み合わせるとすばらしいスピーカになります。

...

☕ ひと息

虫の音を　メガホンラッパ　拡大す

ブザーでも　妙なる音が　生まれ出る

エジソンの　蓄音機より　いい音が

モノづくり

67

ブザーをカーオーディオスピーカへ応用すると？

　自動車の軽量化は重要です。自動車にとって音響は重要なオプションですが，ドアについている4個のスピーカは重いものでは一個につき0.6kg，総重量で2.4kgです。またこのスピーカ一個の駆動電力は25W，4個で100Wです。省エネの観点から問題です。TRIZ矛盾マトリクスの「移動物体の重量」と「エネルギーの損失」の交差点には#6汎用性原理，#15可変性原理，#23フィードバック原理，#40複合材料原理があり，これらの概念を基に，ブザー振動板に取り付けた振動伝達棒（魂棒）を自動車の運転席と助手席の前上方のルーフライナーにつけます。ブザーは高い音を強調し，ルーフライナーは布製で高い音を吸収します。全体として低周波数から高周波数までほぼ平坦な特性になります。質量はアンプを入れて10g程度です。取り付け位置は運転席と助手席の頭部の近くで，1W以下の電力でかなり明瞭で大きな音が聞こえます。音質の調整は要るとしても，自動車の軽量化と省エネに寄与します。この応用として，これをボンネットにつけると野外で音楽が楽しめ，自動車ではなく作業用安全ヘルメットにつけると，ヘルメットの中が大音響になります。

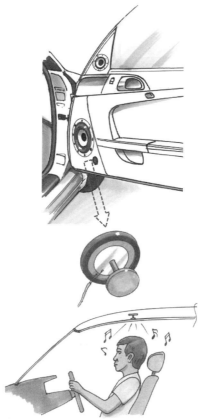

✍ ポイント

ブザーの発音機構を自動車のルーフライナーの布につけるとすばらしいカーオーディオスピーカとなります。

軽量・低電力で工夫により音質もかなりよくなります。

・・・

☕ **ひと息**　　自動車の　ルーフ響かせ　いい音を
　　　　　　　カーオーディオ　ブザーで十分　機能する
　　　　　　　同じ音　軽量ブザーで　楽しめる

モノづくり

68

ブザーを用いて自動車に隠れる人を探し出すには？

　ブザーを歪み－電圧変換センサとして利用する応用を考えます。等価変換法によれば，圧電素子の本質はフィードバックであることになり，TRIZでいえば，逆発想原理に依拠します。自動車のタイヤが乗っても大きく曲がらない程度の金属板に，ブザーの圧電素子を貼り付けます。これを地面に置き，自動車をその上に乗せた状態でエンジンを切ります。自動車に人間が乗っていると，なんとその人の脈動による振動がタイヤを通して金属板に伝わり，圧電素子に振動歪みが発生し，脈動に同期した電圧が表れます。

　例えば隣国が陸続きで，自動車のどこかに隠れて密入国しようとする人がいる場合を考えます。その人は，呼吸は止めることができても，心臓の動きを止めることはできません。脈動を捉えて密入国者を発見できます。また，この金属板を小型にして床とベッドの足の間に挟むと，ベッドに横たわる人の脈動，呼吸動，体動を捉えることができます。ベッドの足にデバイスをつけるだけで，ベッド上の人の生体情報が検知できます。一晩の脈拍変化や体動変化の様子をモニターしておくと，その人の睡眠の変化の様子が推定できます。もはや脳波計は不要となります。

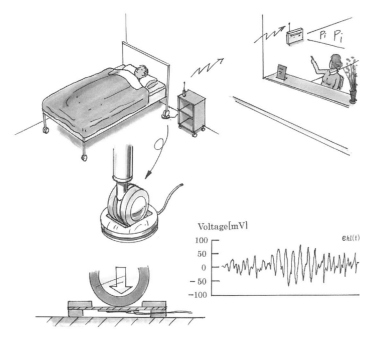

✍ ポイント

圧電素子は，内部でフィードバック循環機能を持っています。入力を歪みとし，出力を電圧として使えます。

この発見はコンクリート製のベンチの下と地面の間に木を置き，その間にセラミック圧電素子を挟んだら，ベンチに座る人の脈動が計測できた経験によります。なぜそんなことをしたのか？　可能性を信じたからです。

☕ ひと息

可逆性　ブザーは実は　循環系
床下に　貼り付けヒトの　脈をとる
コンクリの　中で圧電　歪みとる

モノづくり

69

スピーカの本質とは？

　スピーカの等価変換における本質を考えます。スピーカは身近なデバイスで，日本では単にスピーカ（speaker）ですが，英語では「話者」を意味します。英語では loud speaker です。一般家庭ではラジオ，テレビ，インターホンに，会社のビルや工場では館内放送に，自動車ではオーディオ用として用いられています。スピーカの多くは磁石とコイルを用いてコーンを駆動するダイナミック・スピーカが主流です。磁石とコイルを用いる装置にはさまざまなものがあり，モータ，発電機はダイナミック・スピーカと共に代表的例です。モータは電圧を加えると回転します。一方，モータの回転軸を外から風車などで回すと，電源端子から電圧が発生します。ダイナミック・スピーカも同じ動作をし，振動電圧を加えるとコーン紙が振動して音が発生し，逆にコーン紙に音を加えると端子から電圧が発生します。モータはモータであるとともに発電機で，ダイナミック・スピーカはスピーカであるとともにマイクロホンなのです。トランシーバーではダイナミック・スピーカがそのままマイクロホンとして使われています。磁石とコイルの組み合わせからなる装置にはフィードバック系が内在し，これによって可逆性を持つのです。

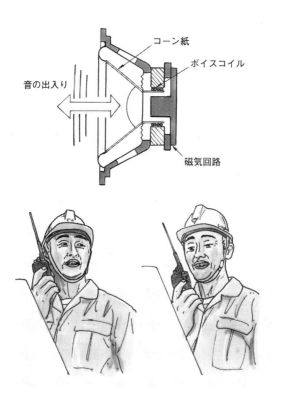

✍ ポイント

普通使われるダイナミック・スピーカは磁石とコイルとコーン紙からなっています。

磁石とコイルは圧電素子と同様フィードバック循環系であり，循環系のどこからでも入力できます。

💭 ひと息
　　スピーカ　磁石とコイルの　組み合わせ
　　Bli　同じ構造　Blv
　　スピーカ　フィードバックで　音ひろう

モノづくり

70

スピーカをマイクロホンとして活用すると？

　TRIZ#6 汎用性原理と #13 逆発想の考え方で，一般家庭内やビルにあるスピーカを，スピーカとマイクロホンとして時分割的に使ってみることを考えます。ビル内の屋内放送が使われる時間は短く，緊急放送や定時の放送など必要なときしか使われません。それ以外は，実はスピーカはマイクロホンとして設置エリアの集音をしています。例えば夜間，誰もいないはずの時間帯に犯罪者が屋内に忍び込んで悪さをしているとき，足音や物色している音，あるいは破壊音を捉えます。すでに配線されている屋内放送設備は，セキュリティ用の設備として利用できます。罪を犯そうとする状況が確認されたとき，スピーカの元来使用法に戻り，警報音を発生できます。これは自動車においてもまったく同様に応用できます。自動車の場合，犯罪者がドアを開けようとして車に触れると，車は少し動き，その動きでコーン紙も動きます。音だけでなく車の振動でも同じことができます。スピーカ内蔵のラジオやテレビ等の家電製品に，スピーカが音や振動を捉える機能を利用してあらかじめセキュリティ機能や他の機能をつけることは，特別の部品を付加することなしにそれらの付加価値を上げてくれます。

✍ ポイント

　スピーカは電圧振動を音に変換する装置ですが，磁石とコイルからなるフィードバック循環系であり，入力を音とし出力を電圧とすると，マイクロホンとして機能します。スピーカはさまざまな場所にすでに設置されています。これを集音装置として使うとさまざまな応用が考えられます。

☕ ひと息

　スピーカ　こっそりマイク　機能する
　スピーカ　知らない間に　盗聴す
　スピーカ　振れ音ともに　検知する

モノづくり

71

スピーカを用いたゴルフクラブの フェース面角度とスピードを測る？

　ゴルフボールをティーアップして，ボールを打つときのドライバーヘッドの接近速度とフェース角度を計測します。ドライバーは高速で，フェース角度がボールの飛び出し方向に直角であることが望まれます。高速度カメラでこの様子は撮影できますが，カメラ自体高価であり，その設置も容易ではありません。ここでは，TRIZ#19周期的作用原理を音に適用します。スピーカと超音波受信マイクロホンで，簡単にこれらを計測する方法を考えます。スピーカはうまく選ぶと，超音波の音も発生できます。これをティー上のボールの前に置いて超音波を照射させます。ボールの望ましい飛翔方向の近くに超音波マイクロホンを設置します。ドライバーがボールめがけて接近するとき，ドライバーのフェースとスピーカの間でドップラー効果が表れ，ドライバーの速度に比例した周波数の包絡線が表れます。これにより，ドライバーの接近速度が読み取れます。またフェース角度が超音波マイクロホンに直角であれば反射波は最大となり，角度がずれると反射波は小さくなります。これによって角度が計測できます。この装置で練習すれば，即座にヘッドスピードとフェース角が客観情報として与えられ，練習効果が上がるのです。

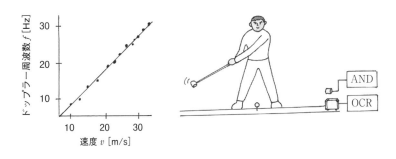

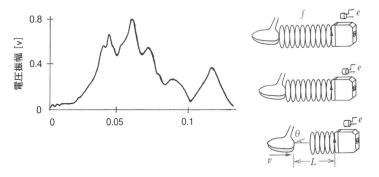

✐ ポイント

スピーカを上手く選ぶと，人間の可聴音を超えた超音波も発生できます。

超音波機器としてドップラー効果を利用すると，物体の移動速度が計測できます。

☕ ひと息

スピーカ　仕様の外で　使うなり

スピーカ　超音波でも　駆動する

超音波　ドップラー効果　使えそう

モノづくり

72

換気扇を用いた高感度圧力センサ化？

　磁石とコイルを使ったモータが発電機になることを利用し、室内換気の新たな方法を考えます。換気扇という名は誤解を与えています。換気扇は排気扇で、室内の汚れた空気を外に出すだけです。古い日本家屋は隙間だらけで、そこから外気が入りました。最近の高気密住宅では隙間は少なく、強力な換気扇を回すと室内の圧力が負になり、その圧力でドアが開きにくくなるほどです。問題は、室内の空気が滞留し、換気扇周辺でしか換気が行われず、CO中毒になる可能性があることです。正しい排気のために窓を開けなければならないのですが、つい忘れます。排気に伴って給気を自動的に行う方法は、室内外気圧差を計測し、あるレベルまで下がったら給気扇を回すやりかたです。このためには、内外気圧差が微小な2Pa程度から計測できる圧力センサが必要となります。このようなセンサは高価です。TRIZ#6 汎用性原理，#13 逆発想原理を用い、換気扇を風力発電機と考えます。実は小型の排気扇はOFFのとき、内外気圧差が2Paで回転し出し、風力発電機として機能します。排気扇が高価な圧力センサとして機能するのです。これを10秒おきにON-OFFして、OFFのときにセンサとして活用することで自動給気扇ができるのです。

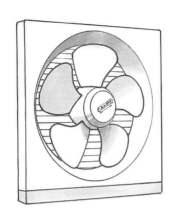

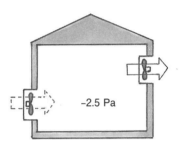

✎ ポイント

　換気扇はファンを回転させるために，磁石とコイルからなるモータを利用しています。

　モータは発電機になり，換気扇は風車になります。ファンの前後の圧力差が 2Pa で回転し出し，出力電圧は圧力差に比例します。高感度圧力センサとして機能します。

....

☕ ひと息　　換気扇　逆に使えば　風車なり
　　　　　　　この風車　驚く感度の　計測器
　　　　　　　センサーを　駆動機として　活用す

モノづくり

73

自動車の燃料計を高精度にするために？

　自動車燃料計の精度はよくありません。坂道に車を止めると，給油していないのにガソリンが増えたように表示します。しかし，燃料計はとても重要な計測器です。日本では考えられませんが，砂漠などで次のガソリンスタンドまで何百キロもある場合，燃料計を信じてガス欠になると命に係わります。なぜ燃料計は精度が悪いか。これはガソリンの量を直接測る代わりにその液位を測っているからです。最近のガソリンタンクは自動車の空いた部分に追いやられ，形状が平坦でかつ複雑です。少しの液位の誤差が大きなガソリン量の誤差になります。この課題に取り組みましょう。TRIZの#13逆発想の原理の考え方を採用します。ガソリンタンクは密閉されています。またタンクの容積は分かっています。ここで，ガソリンに注目する代わりにガソリンタンク内の気体に注目します。もし気体の体積が分かれば，それをタンクの容積から差し引けば，残っているガソリンの量が分かります。気体は形がありませんので，タンクの形がどうであれ関係ありません。気体の体積は「理想気体の法則」と直結します。この法則を利用し，圧力と温度が計測できれば気体の体積が計算できます。

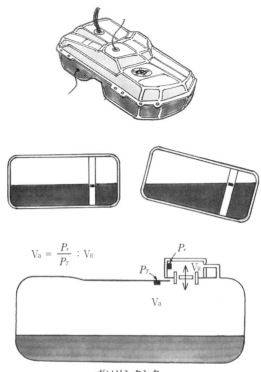

$$V_a = \frac{P_r}{P_T} : V_R$$

ガソリンタンク

✎ ポイント

　自動車燃料計はガソリンの液位を計測しており，そのためにきわめて精度が悪いのです。

　ガソリンの液位の代わりにタンク内の気体の体積を測り，タンク容積からそれを引くことで燃料が計測できます。

ひと息　逆転の　発想使う　燃料計
　　　　　燃料計　ガソリン測らず　ガス測る
　　　　　視点をば　液よりガスへ　移動する

モノづくり

74

災害時に電池を目覚めさせる？

　電池は使用しなくても，長年放置すると自然放電します。数十年あるいは百年の間に発生するかしないか判らない災害や事故を，電子回路で検知して警報を鳴らし，電波を飛ばす場合，続けて電池は使えません。電池を定期的に交換することとなります。火災報知器は5年ごとに電池を交換します。ここでは，100年後でも火災や地震などの事故が発生したときに機能する，無線送信機能付き警報器を実現する電源を考えます。電池は，二種類の異なった金属と金属間の電子の移動を可能にする電解液が基本要素です。これらを一体とすると，電極間に電位差が現れ，負荷をつけると電流が流れます。この状態では，無負荷でも少しずつ金属間で電子が移動し，電流が流れます。TRIZ の #2 分離の原理の考え方を応用し，二種の金属と電解液を分離しておきます。二種の金属は酸化しないように簡単に壊れる容器に入れ窒素封入しておきます。地震や火災は大きなエネルギーを持ちます。これらのエネルギーを利用して，分離された二種の金属と電解液が一体となるようにします。ガラスを破壊するなど，さまざまな仕掛けは容易に思いつきます。この段階で電池は電池として機能しだします。

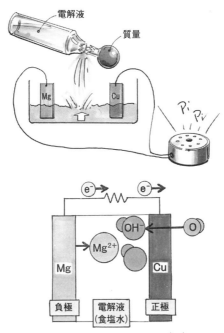

$Mg + 1/2 O_2 + H_2O \longrightarrow Mg(OH)_2$

✍ ポイント

電池はそのまま放置しておくと自然放電し，10年後100年後には機能しません。電池の電極と電解液を分離しておけば，自然放電は起きません。火災や地震のような事象で電池を使いたいとき，これらのエネルギーを用いて電極と電解液が一体化するようにしておけば，電池は100年後に起きた災害時に電池として機能し始めます。

....

☕ ひと息　　電極と　電解液を　分離する
　　　　　　これら混ぜ　電池目覚めて　機能する
　　　　　　地震火災　その動力で　スイッチオン

モノづくり

モノづくり

　ここでは,「温故創新」を基に研究がすすめられて論文や特許になったもの,および,「想考匠試」に基づいて試作・創造されて検証されたものを,事例として紹介した。これらは論文や特許としてその新規性が認められたものであり,この事例は事例として,ここから「温故創新」や「想考匠試」による創造の考え方や方法を汲み取ってほしい。さらに後付けだが,各事例での「創造の方法」が使われたかも述べている。「後付け」という意味は,はじめから,その方法で考えたわけではなく,後で考えてみたら,その方法を使っていたということである。基本的な考え方は「温故創新」や「想考匠試」にある。

　ブレーンストーミング,KJ法,等価変換法やトリューズにおける成功事例を見ると,この「後付け」の説明が多いことに気づく。論理が逆向きになっている。このことに違和感を覚える読者もいるであろう。しかし,40話で述べたように,想考匠試などの発想法は循環している。やってみて,「あっ,これはあの創造の方法をとっている」と気づき,これを何度か経験するなかで順方向の手順を踏めるようになる。

コトづくり

75

都市の農業を元気にするには？

　現在，都市にはわずかしか農地が残されていません。農地は緑化に寄与し，牧歌的空間を都市に残します。一方，都市の農家は農地が狭すぎて専業農家というわけにはいきません。いきおい，農地を宅地に用途変更し，アパートを建てます。農業を引き継いだとしても，税金はかからず，いつか土地が値上がりしたときに処分しようと考えます。これでは，いつか都市から農地は消え失せます。都市の農業を業として成り立たせる方策は，農産物を加工と販売まで一貫させた（1×2×3）次産業＝6次産業化でしょう。この考えは，TRIZ#5組合せ原理そのものです。その場所に都市が成立した理由はさまざまでしょうが，一つに歴史的あるいは文化的な何かがあったからです。その歴史文化をブランドにして商品を設計することです。また虫がつくくらい美味しい作物を栽培し，大切に育てるのです。そしてその美味しさが最大限に発揮できる高付加価値の加工品を作るのです。消費地はすぐそこにあります。営業は昔に比べて，ネットで比較的容易に展開できます。少量でも高付加価値の加工品を作ることで，豊かな都市農業生活ができるでしょう。その地の住民はお歳暮やお中元に地元の品物を贈りたいですよね。

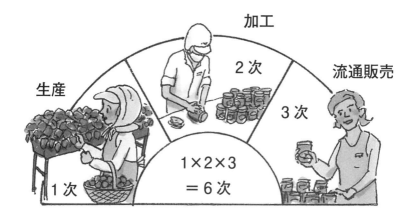

✍ ポイント

　都市における農業は、農業の6次産業化に最適なポジションにいます。

　その土地の歴史や文化に係りがあり、かつ手間のかかる美味しい農作物を丁寧に栽培し、加工から販売までを手がけるのです。

　商品はやはり、誰にとってもおいしいことが成功の生命線です。

....

☕ **ひと息**　都市農業　6次産業　良い事例
　　　　　　魅せる都市　近くに自然　ともにある
　　　　　　農耕地　狭いからこそ　質上がる

コトづくり

76

地方の物産が全国版になるためにはどうするの？

「地方の」は英語だと local です。local には一地方特有のという意味があり，地方の物産は一地方特有のものなのです。地方特有のものは，その地の文化の反映で，全国版にするには工夫がいります。納豆，青かびチーズ，くさや，シュールストレミング等は優れた発酵食品ですが，地方特有の気候風土に育まれたものです。初めて食べるものには抵抗感があります。まともな料理も闇鍋では怖い。アメリカのご婦人に刺身の食感を尋ねられ，私は TRIZ#10 先取り作用原理の考えに基づいて，「生オイスターや生シュリンプより普通」と答えたことがあります。これは彼女を闇鍋から解放しました。一地方特有の美味しさは味を知ると誰にでも美味いのです。闇鍋に光をあてることは，それをいかにエレガントに表現するかです。ものを食べたときの味覚の表現の力で，その人の格が見えます。大好物であった羊羹の表現において夏目漱石の右にでる文化人はいないでしょう。一地方特有の食べ物を全国版にする一つの方策は，その味と見映えを正確に，優美に表現することです。ワインを飲み，「このワイン，酸味のスペクトルが立ちすぎているね」とか，その味をエレガントに表現してみることです。

✍ ポイント

地方物産は食べ物であれ物であれ，その地方の気候風土や文化の影響を受けた，その地方特有なものです。

知らないもの食べたことのないものは闇鍋と同じで，手が出しにくいものです。地方特有のものは闇鍋と同じです。

闇鍋に光を当てるのは，そのものの素性をエレガントにソフィスティケーティドに表現することです。

☕ ひと息

食わないで　嫌いと言うは　ヒトの性

ゼリーより　しっとり綺麗　薄羊羹

恰好よい　ソムリエ言葉　そう信ず

コトづくり

77

面白いお土産ってないかな？

　お土産の置物について考えてみましょう。東京タワー模型，小田原提灯，ヨーロッパ王家紋章入りスプーン，失礼ですがいつのまにかお蔵入り。蔵に入らず机の上にあるのが箱根寄せ木細工で，TRIZ#7 入れ子原理を用いた手品用の二重引き出し箱です。これは TRIZ#5 組合せ原理の寄木細工の意匠性と，手品という機能性が組み合わされています。箱根は創造性が豊かな土地で，機能性をもつ「てりふり人形」も魅力的です。昔は女性の長い毛髪が湿度変化で伸び縮みすることを利用して湿度計を作りました。この原理を利用して湿度を計測し，天気を予報するものです。置物にはオブジェとしての造形美が必要です。併せて機能性を持たせたいものです。毛髪が湿度変化で伸び縮みするような自然現象を利用して可動させるようなものです。可動のためのエネルギーは温度，湿度，動きなどから得ます。また機能性ではないのですが，知恵の輪のように構造が変えられ，造形美に優れた構造物も魅力です。あまりにも早く流れる時に対し，ゆったり流れる時を演出する日時計を美しく造りこみ，美と超アナログな時計機能を組みあわせたものは，「時の街」を標榜する小金井の素敵なお土産です。想考匠試の実践課題です。

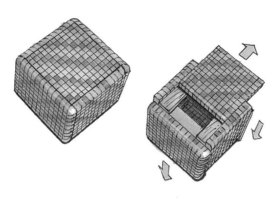

✍ ポイント

　オブジェとしての土産物は，その地のキャラクターがそのままの形で模型化されているだけだと面白くありません。

　優れた造形美や機械仕掛け構造によって，可動性と機能を持たせます。

☕ ひと息
　　　思い出と　土産を買うが　お蔵入り
　　　造形美　地域の文化と　融合し
　　　お土産を　動かし遊ぶ　楽しかな

78

サステーナブルな魅力ある街を
つくるには？

　どの統計をみても，日本の人口減少は避けがたいようです。各地域はそれを食い止めるべく，さまざまなことを考えています。人口が減少しても街の機能が持続的に維持され質を上げていく条件は，人々がその街に住み，その街で仕事ができるという基本的条件に加えて，その街が教育の場であることです。最低限，学校があり，できれば大学があることです。ただ学校があるだけでは持続可能な街にはなりません。生徒・学生を信頼して彼らを大切にする文化がその街にあることです。生徒・学生さんは流動的です。よい就職を求めて，魅惑的な都市の明かりを求めて地方から都市に集中するのは避けがたいのです。地方の街の人口はますます減少します。これが現状でしょう。しかし，地方とはいえ，その街に生徒・学生を大切にする文化があり，彼らがそこで大きく成長できて満ち足りれば，その街は彼らのかけがえのない故郷なのです。「ふるさとの山に向かって言うこと無し」ほどにふるさとはありがたい場所なのです。少しばかり高い給料よりは，ふるさとに抱かれてその場に住み着きたいと思うのが人の情ではないでしょうか。若い人が住み続ける街は，サステーナブルな魅力ある街になるのです。

✐ ポイント

街の魅力は住みやすく仕事があること、生徒・学生を大切にする文化があることです。

彼らがそれを感じる時に、その街はふるさとになるのです。ふるさとはその人にとって得難い魅力です。

☕ ひと息　　ワイルドな　学生こそを　愛すべき
　　　　　　　京のまち　学生愛す　だから京
　　　　　　　将来を　担う若者　大切に

コトづくり

79

地域の祭りの意義とは？

　祭りの太鼓や笛には独特の地域色があります。東北の祭りの太鼓の音は秋の収穫を祝い，笛は木枯らしの音で，この冬を無事に生きのびられるかの不安を滲ませます。それも含めて祭りは祭りなのです。ディズニーランドは年がら年中祭りですが，地域の祭りは年に一度です。どの地方の祭りも，この年に一度の祭りの準備に町内会の人々は長い時間をかけます。祭り自体はイベントのフィナーレであり，最後の打ち上げ花火です。それまでの準備が祭りの価値なのです。その準備は地域のコミュニティーの在りようを確認させる機会であり，絆を実感する機会です。毎日の仕事のフラストレーションを忘れさせ，明日の生きるエネルギーになっているのです。地域創生の下部構造は，そこで生きていく生活産業基盤の確立でしょう。そのための心のエネルギーの供給源は，一見たわいもないお祭りです。遠くから聞こえる太鼓と笛の音は，地域の人々の血をわかせ，家の中から外へと誘います。赤子のときから聞いている音色は，耳から消えることがありません。であればこそ，伝統を守りつつ格調高いリズムと音色に包まれた新たな祭りの創造は，地域創生の一つになるでしょう。

✍ ポイント

　祭り文化が地方から消えゆきつつあります。それはまさに地方の消滅と歩を合わせているようです。

　これら二つの消滅のどちらが鶏でどちらが卵かはわかりませんが，地方の消滅を食い止める一つの手だてとして，地域の祭りの継続と発展の取り組みはあり得るのです。

....

☕ **ひと息**　　準備して　　大輪花火　　余韻有り
　　　　　　　お祭りを　　終えればすぐに　　次にむけ
　　　　　　　笛太鼓　　血潮が湧きて　　子に戻る

コトづくり

80

シャッター街の再生はどのように？

　最近シャッター街をよく目にします。昔の栄華いまいずこ。スーパーマーケットは組織的に大量購入と販売を行うことで，コストを合理化できます。モノを売ってくれるスーパーの要望に応え，メーカーは商品を増やします。スーパーの規模は，一つの街の商店街をすべて飲み込んで余りあります。郊外にあっても自動車で10分程度であれば，消費者はそちらを選びます。かくしてそれまで栄華を誇った商店街はシャッター街化したのです。もし商店街が将来の物流インフラを考え，商店街そのもののスーパーマーケット化を考えていれば，シャッター街化は避けられたかもしれません。悔いても始まらない。商店街は住民や流動者の多いエリアにあるのですから，潜在力はあります。多様な産業への転換です。特色あるものの販売，教育，医療・福祉，開発型企業のSOHO，デザインオフィス，カフェ，ネットカフェ，パブ，裏側の住居は学生向けシェアハウスなどへの展開です。またシャッター街化の他の原因は，後継者問題です。後継者になるべき人が，将来を読み切っていたのです。後継者が展望を持てる業種への転換が必要です。そのためには，今までの業に囚われる構えを捨てて，思い切った中心転換が必要でしょう。

✍ ポイント

　商店街がシャッター街になったのには必然がありました。その必然から学び，新たな事業展開が必要です。

　それは後継者が魅力を感じ，確信が持てる多様な産業への展開です。従来の商売の構えを捨て，広く世の中を見直すことです。若者たちに任せてもいいのではないでしょうか。

☕ **ひと息**　　シャッター街　昔の栄華　いまいずこ
　　　　　　　次世代が　再創業者　過去を捨て
　　　　　　　就活の　意識を変えて　創職へ

コトづくり

81

野川とサンアントニオの運河のちがい？

　東京西部に野川という，小川ですが一級河川があります。鯉が棲み，鴨，白鷺，野生化したアヒル，ときに鵜を見ることができます。川の畔には小金井から深大寺へと一時間ほどのせせらぎを楽しめる散歩道があります。知る人ぞ知る路で，普段は鳥の囀(さえず)りだけ。遠く離れますが「アラモの砦」で有名なテキサス州のサンアントニオ，ここにも小川があります。サンアントニオ川という運河です。この両岸にはメキシコ風のパブ，レストランが並び，ソンブレロをかぶったメキシカンがギターを奏でています。運河には小舟が浮いていて，暑く乾燥したテキサスで自然の涼のもとで食事が楽しめます。野川の路を歩くとき思うことは，このサンアントニオ川のにぎわいとの違いです。もちろん歴史的背景の違いがあり，単純に比較できませんが，一つには野川が一級河川からかなと思いがよぎります。野川は河川災害防止，河川の適切利用が維持できるように，河川法で管理されています。おのずと規制があるでしょう。規制は厳格に思考の範囲を決めます。それでは，よい発想は浮かびません。実現の可否は別として，一度この規制の枠を外して，自由に野川周辺の空間利用について思考遊びをしてみてはいかがでしょう。

✎ ポイント

　われわれの周りにはすばらしい潜在的な観光空間があります。しかし時として，その空間の法的規制がその地の潜在力を顕在化させる妨げになることがあります。実現の可否は別として，その地を舞台にさまざまなシナリオを創造的に描いてみることも，われわれの財産です。

....

☕ ひと息　　法規制　想定よりも　ストリクト
　　　　　　　ストリクト　発想自由度　最小に
　　　　　　　運河でも　舞台整え　観光地

コトづくり

82

観光スポットはどう作るのでしょう？

　観光スポットの条件は，風光明媚と名所旧跡でしょう。うまく道路整備して，今まで注目されなかった風光明媚な場所をライトアップすることも一案です。自然環境に依存しますが，名所旧跡はライトの当て方でいくらでも作れそうです。麻布界隈は江戸の文化を残す地名が多くあったのですが，麻布ブランドの人気で麻布を含む地名に変更されてしまい，歴史が見えなくなったのが残念です。旧町名は歴史を物語っています。古戦場などの地名は，何の戦いがあったのかと興味にそそられます。現在では高層ビルで見えなくなった場所に，かつては富士山が見えた富士見という地名が多くあり，そこを通るたびに昔の情景を想像します。観光スポットは路傍の石ほどあるのです。その石を磨けばよいのです。磨き方はその石の歴史と文化です。いまや誰も振り向かない路傍の石でも，それをめぐって人が涙し，あるいは歓喜したのです。ただそのような路傍の石はいたるところにあるので，それを磨いても，はじめは注目されても人々は忘れ去るでしょう。その石が輝き続けるためにはその調査はもとより，その石にまつわるお話の創作が必要です。そしてそのお話が語り伝えられるだけの魅力にあふれる音韻と内容です。まさに温故創新を行うことです。

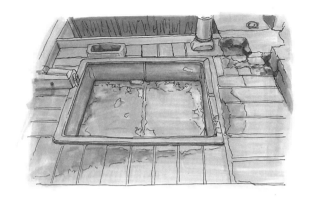

この絵は夏目漱石の『草枕』の一シーンで,画工（漱石）が小天にある那古井の宿で逗留したとき浸かった湯船です。画工が湯船に浮いているとき,宿の娘である那美さんがモウモウと立ち込めるこの風呂の洗い場に入ってくる現場です。画工の漱石は那美さんの美しさを絵画に負けないタッチで文章にしています。漱石ファンにはたまらない湯船です。

ポイント

　観光スポットは,路傍の石のようにどこにでもあります。その石にまつわる歴史文化を調べ,その石に係わった人々の心情が解るような美しい音韻でつづられた,魅力的な創作があればいいのです。

　その創作が,読んで心地よく楽しいものになれば,昔話として伝承されるでしょう。

....

ひと息　　大仏の　下の石とて　同じ歳
　　　　　　当たり前　地名に歴史　隠れてる
　　　　　　史実こそ　人の心を　震わせる

コトづくり

83

子供が先生になって高齢者を教えては？

　TRIZ#13逆発想原理で，「教えるべき者が教わる」ことを考えます。高齢者は子供より先に生まれている「先生」です。その「先生」に子供が教えることで，何か価値を生まないでしょうか？　高齢者の経験は豊富なので，知識の量と質は子供を凌駕します。けれどもすべてにおいてそうでしょうか？遊びの中心がコンピュータゲームで育った子供は，アナログの世界で生きて仕事してきた高齢者よりも，コンピュータへの距離感はありません。ゲームでコンピュータの外枠を学んでいる子供は，高齢者よりこの分野では経験者なのです。子供がコンピュータのイロハを学び，高齢者に教えることは可能です。子供は初めコンピュータの使い方しか教えないでしょう。高齢者の質の高い知はそれでは満足できず，「なぜ？」と質問します。子供はすぐには答えられず，次の講義までに誰かに教わり，その「なぜ？」に答える努力をします。それが不完全でも，孫のような子供に高齢者は問い詰めません。その範囲で理解します。高齢者は子供に「教えてくれてありがとう」と言います。これが子供の成長にどれだけ役立つことでしょうか。これはTRIZ#23フィードバック効果の一種です。ここに大きな価値が創生されます。

✎ ポイント

　デジタルコンピュータの未曾有の発展は，この30年くらいの間のことです。生まれながらにしてデジタルの世界にいる子供と比較して，この恩恵を若い時代に受けなかった高齢者にはハンデがあります。その意味で，この分野は子供のほうが高齢者よりも経験豊富です。

　その子供が高齢者を教えることで，教わることの本当の意義を子供は知ることができます。このことは素敵なことですね。

....

☕ **ひと息**　　子供から　スマフォ手ほどき　受け嬉し
　　　　　　　教えるが　教えるものを　学ばせる
　　　　　　　老いたれば　子に従えと　古人いう

コトづくり

84

アルバイトは実学として価値を持ちませんか？

　文部科学省の文系学部改編の通達が物議をかもしました。大学関係者はその通達に不自然さを感じましたが，一方であり得ることとも捉えられました。それは国際競争力という国のキーワードと，一部の文系大学生の為体を知るからです。学生たちは，いかに最小エネルギーで単位をとり，アルバイトに最大エネルギーを注ぐかを考えています。教員として筆者は，「学生時代の大切な時間を時給千円で安売りするな，将来の貯蓄としてこの時間で原書を読め」と言い続けてきました。いま考えると，この叱咤は現実から乖離したきれいごとであったかもしれないと，半分反省をしています。スマフォ，コンパや卒業旅行に金が流れるため，アルバイトは必須なのです。その現実を直視し，TRIZの#22「禍転じて福となす原理」を活用して，アルバイトを大学教育の一環に取り入れる発想転換はいかかでしょう。アルバイトは実学の場です。接客でもよく考えて取り組めば，大学の座学より身につきます。ブラックバイトで不法に時間を安売りしないよう大学が管理し，効果的に実学になるアルバイトを紹介し，その仕事の経験を自ら普遍化させるという講座です。彼らのレポートでアルバイト経験がどれだけ普遍化できたかを評価するのです。

✒ ポイント

　学生は昔の苦学生とは異なった事情ですが，アルバイトをせざるを得ない状況にあります。それを禁止することはできません。

　アルバイトを実学として捉え，大学のカリキュラムに取り込みます。アルバイトの個別的な経験を普遍化する課題を課してレポートしてもらい，その経験を学術成果として評価するという考えです。

☕ **ひと息**　　アルバイト　禁止と言っても　守られず
　　　　　　　アルバイト　実学経験　良い機会
　　　　　　　バイトでの　自分の経験　学術へ

コトづくり

85

見守りドールさん？

　老人福祉の一環として，ナースコール装置が配布されている地域があります。無線方式の場合，困ったことは，それをどこに置いたか忘れてしまうことです。役所からの借りものなので，失くさないようにと簞笥にしまってしまうのです。老人は他人に迷惑をかけたくない思いで，そのナースコールをめったに押しません。可愛い人形に，ナースコールを含む通信デバイスを仕込んだ「見守りドール」を考えます。これは若い女性も含めて独居者が家族や知り合いとつながるシステムです。ドールに働きかけをすることで，LANに情報が送られ，そこから連絡先の携帯電話やスマートフォンにメールが送られる仕掛けです。人形の頭をなでたら「おはよう」，抱き上げたら「ただいま」，転がしたら「助けて」など，はたらきかけに応じてさまざまなメッセージを送るとともに，人形が本人に返事をします。また人形には，災害や不法侵入を検知できるセンサやウェブカメラを搭載し，留守の間の見張り機能を持たせます。ドールは高さ20センチくらいの大きさにすると，電子通信機器はすべて内装できます。これらハイテクを人形キャラクターに包み込むのです。まさに，文明を文化に包み込むTRIZ#7入れ子原理の応用です。

🖉 ポイント

　現在のIT技術，センサ技術によって，見守りに必要なデバイスは小型で消費電力が少なくなっています。またネットワーク技術も進歩し，無線LANはかなり普及しています。これらの技術を駆使して，屋内見守りやヒトの安否確認は容易です。

　無機質な電子部品を金型整形されたプラスチックケースに入れるのではなく，標準ケースに入れ，いくつかのキャラクターを持った人形に入れ込みます。人形との会話が，必要に応じて，そのままLANを通じて家族や知り合いに伝わる方式の提案です。

☕ ひと息　　文明と　文化の折り合い　一工夫
　　　　　　　　高機能　デザイン次第で　拒否される
　　　　　　　　人形と　対話内容　娘知る

86

サイバー健康マラソン？

　日本体育協会スポーツ憲章前文には，「スポーツは，人々が楽しみ，より充実して生きるために，自発的に行う身体活動である。生涯を通じて行われるスポーツは，豊かな生活と文化の向上に役立つものとなる」と謳われています。一方，スポーツにはその成果を競う大会があり，その大会に参加できるのは選ばれた選手です。選手が大会で優勝すると月桂冠の栄を受けます。優勝は日頃の精進の成果であり評価されるべきものですが，大会に出られなかったスポーツ実践者にも月桂冠を，と考えてしまいます。夜，散歩すると必死にウォーキングしている人を見かけます。それは彼らの自己実現のためかもしれませんが，人間は併せて社会的欲求や尊厳欲求を持ちます。その欲求でモチベーションが上がるというのがマズローの説です。選手でないスポーツ実践者の努力に月桂冠を与える仕組みが，健康マラソンです。スポーツは健康づくりの基礎です。健康によいことを行ったデータは，運動計測センサつきスマートフォンで得られます。これをサイバー競技場にアップします。すでにこのような取り組みがありますが，総合的に取り組めば，福祉予算もかなり減らせます。これはTRIZ#25セルフサービス原理に基づく効果です。

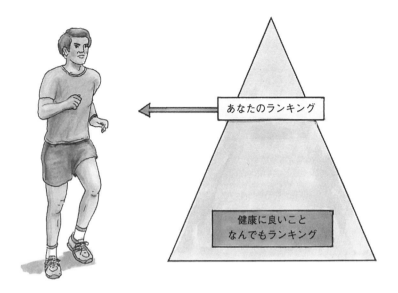

✍ ポイント

　目に見えないスポーツ訓練データを「見える化」して，大会に参加できなかったスポーツ実践者の努力もサイバー競技場にアップして競技化します。

　これによってすべてのスポーツ実践者に励みを与えます。加えて，適正なスポーツも含めた健康によいことの努力を見える化して，短期ではなく数年をかけた健康マラソン競技をサイバー空間で繰り広げるのです。

・・

☕ ひと息　　努力の量　結局成果を　あげにけり
　　　　　　　潜在す　努力に光　当ててみる
　　　　　　　感動は　それを成し遂ぐ　努力にぞ

コトづくり

87

長屋をもう一度作りませんか？

　わずか100年，わが国の近代化の過程で，都市部やその周辺に人口が集中しました。これによって，家族のありようが大家族から核家族へと変わりました。核家族化はそれなりの利点もありますが，失われたものも多いのです。かつて老人介護は家族の仕事でした。これは大家族だからできたのです。この仕事を行政が福祉政策で取り組まざるをえないことは寂しいことです。体が動かなくなったら，また息を引き取るときには家族のもとにいるのが自然です。しかしこれから大家族制度に戻すことは困難です。この状況で，長屋を作ることは一考に値します。ただ核家族文化に慣れた人々にはプライバシーの配慮が必要です。プライバシーに配慮し，必要に応じてネットでつながる長屋には可能性があります。災害時は地域力が有効です。まずは災害時にネットでつながっていれば，地域は強力な力を発揮できます。急病では救急車が来るまでの間のAED等の救急処置が効果的です。このとき，親密な隣人にだけにつなげばよいのです。ネットは自由につなげます。さまざまな事情に応じて適切にネットでつながる長屋が核家族化で発生する問題の解消に役立ちます。行政に頼らないTRIZ#25セルフサービス原理を実現しています。

筆者等の提案による NAGAYA ネットワークシステム例

✍️ ポイント

　大家族から小家族へと，核家族化によって家族のありようが変わりました。得たこともありますが失ったことも多いです。この失ったものを取り戻そうというアイデアがネットでつながった長屋です。

　本当の長屋は，これだけプライバシー保護がうるさい現在は無理であり，柔軟につながるネット技術を活用したネット長屋の提案です。きめ細やかな付き合いが可能です。

☕ **ひと息**　　貧乏も　長屋暮らしは　楽しけり
　　　　　　　スマートフォン　ひとをつなげる　長屋かな
　　　　　　　地域力　日頃のつながり　効果上げ

コトづくり　191

88

創造的なボランティア活動とは？

　東北地方の大地震，津波そして原発事故の災害は全世界に大きな衝撃を与えました。その渦中にいた人々は，騒(さわ)ぎ喚(わめ)くこともなく，黙々とその試練に耐えていました。その姿に世界中が驚嘆するとともに感動しました。そして被災地には多くのボランティアが馳せ参じたのでした。なぜボランティアに参加するのでしょうか？　かつて自らが災害を受け，ボランティアの支援で助けられたことへの感謝・御礼，人間の持つ慈悲の心，地獄の被災地を訪れてボランティアに参加することで自分を見直すことなど，さまざまな理由があるでしょう。ただ共通にいえることは，ボランティア参加者は，自らの心の奥に棲む尊厳欲求や自己実現欲求を超えた欲求を満たしていることなのです。奉仕すること奉仕されることは，循環系なのです。言わずもがなでしょうが，ボランティアの皆さんはそのことを感じ，単なる謙遜ではなく「奉仕させて頂いている」という言葉が自然に出るのです。であればこそ，ボランティアは冷徹に被災地の実情を知り，現地で本当に必要な仕事を見定めて計画を創造できるのです。東北大震災での神戸の水道局の支援は，彼らの経験に基づいていて見事な奉仕でした。

✍ ポイント

　ボランティア奉仕活動は，奉仕者の心の奥に棲む欲求に応えます。自然と「奉仕させて頂いている」という言葉が出るのはそのためです。奉仕者と被奉仕者は，「ありがたさ」において循環系をなしているのです。

　奉仕は，自らの崇高な欲求をみたすために感情的に行動するのではなく，冷静に現場を知り，適切に計画を立てる必要があります。

....

☕ ひと息

　　奉仕とは　わが心への　奉仕なり
　　奉仕をば　させていただき　ありがたい
　　奉仕心　熱いがゆえに　冷静に

89

創造的営業活動とは？

　新製品の研究開発には創造性が必要です。作られた製品を販売する営業活動はどうなのでしょうか？　おそらく，創造性も含めてその人のすべての能力をフル稼働しなければうまくいかないでしょう。まずは，顧客に対する信頼の獲得です。販売する製品の前に，自分自身を買ってもらわなければなりません。製品の性能は仕様で明記されていますが，それ以外は信頼関係の上でことが進みます。製品がいかに優れていると自負しても，それをもとに一方的に進めたら，それは押し売りでしかありません。顧客も気がついていないかもしれない不足，不便，不合理あるいは漠然とした欲求を分析し，それを明確なニーズとして整理して，自社の製品でそのニーズのソリューションを与えることができることを，顧客に理解してもらうことです。このプロセスはまさに創造のプロセスそのものです。営業職は技術職よりよっぽど創造性が必要なのです。このプロセスのベースは，職業倫理です。人類という理性的存在には，生まれながらにして普遍的な道徳基準があるとカントは言います。このことに素直になるべきです。誠意をもって顧客に対応すれば，顧客は信頼し，すばらしい創造的営業ができるのです。

✎ ポイント

　営業職は自分の全人格をフル稼働する仕事です。まずは顧客の信頼を得ることです。

　顧客の話をよく聞き、顧客の抱える問題を共に考え、その解決策を共に創造することです。営業は開発以上に創造的な仕事です。

　これらの基礎は、人が先験的に持つ普遍的道徳基準に基づいた職業倫理です。これは難しいことではなく、人間が自然に持つ良心に悖(もと)らないことです。

....

☕ **ひと息**　　営業は　ただものを売る　ことでなし
　　　　　　　拝聴し　顧客の課題　わがものに
　　　　　　　営業の　誠意と創造　客満たす

コトづくり

90

経営における創造？

　私が経営についてとやかく言う資格はないでしょう。松下幸之助氏の解りやすい著書があり，それを読まれればよいからです。創造性という観点から少しだけ述べます。メーカーであれば，経営者は「技術」，「営業」，「資本」の要素からなる会社というシステムのコンダクターです。各要素の担当は，分掌範囲内で創造性を活かします。経営者の創造性は，これら要素の組み合わせのシステムのなかで発揮されるべきものです。それぞれの要素の特性を活かし，現在の社会・経済状況下で最適に企業が機能するように，これらの組み合わせ方を創造することです。また余力がある場合には，将来に備えて適切にリソースを配分し，準備しておくことです。「技術」と「営業」は社員に分担され，「資本」は投資者に分担されます。構成員は人間です。結局，企業は人間で構成されているのです。構成員のモチベーションがこのシステムを駆動するエネルギー源です。企業を構成する3要素の組み合わせによる創造も重要ですが，会社のエネルギーたるモチベーション（成長欲求）をいかに誘発し，その欲求にいかに応えるかという点で工夫し創造することが，経営で最も重要な課題ではないでしょうか。

✍ ポイント

　メーカー系企業は「技術」,「営業」,「資本」の3要素を,利益追求を目的として組み合わせたシステムです。経営者には,これらを合理的に組み合わせる理性的な創造性が求められます。

　一方で,「技術」,「営業」,「資本」の担い手は人間です。この人間がやる気を出して取り組まなければ,いかに合理的なシステムを構築しても,うまく機能しないでしょう。このシステムがうまく機能する源は参加者のやる気です。そのために経営者は創造性を発揮すべきです。

☕ **ひと息**　　技・営・資の　創造的な　組合せ
　　　　　　　　モチベーション　会社の資源　ここにあり
　　　　　　　　マズローの　成長欲求　誘発し

コトづくり

91

組織で人を活かすには？

　「やる気」に関して，ハーズバーグ（Frederick Herzberg, 1923-2000）はいわゆる動機づけ・衛生理論を示しました。この理論をもとに，「自己効力感」仮説という，やる気を出す訓練の指針を示しました。簡単に言えば，与えられたことに「自分はちゃんとできる，やれている」という確信をもち，小さな目標をクリアして，達成感を積み上げていくことです。私たちの仲間をやる気にさせることは，仲間に「自分はちゃんとできる，やれている」と認識してもらうことです。そのためには，その人がちゃんとできる「明確な目標設定」と，やっていけるという「道筋の方向と展望」を示すことです。目標は，その人自身が納得できる意義や価値が明らかであることが必要でしょう。「道筋の方向と展望」の示し方はデリケートです。具体的に示してしまうと，その人の創造性は発揮される余地がなく，やる気が減退します。さりとて五里霧中では道筋になりません。その人の力量に応じて，道筋の具体度は異なるでしょう。目標設定と道筋の提示は，する人とされる人の対話の中で定められるべきものです。組織で人を活かす創造的方法は，奇をてらうものでなく，自己効力感仮説と人間の信頼に基づく王道しかないのです。

✍ ポイント

　組織で人を活かすことは，組織に最大の効果を与えます。人を活かすとは，その人がやる気をもって仕事に携わることです。

　そのためには，「自分はちゃんとできる，やれている」という確信が持てる目標の設定と，その目標に向かう道標を示すことです。その道標に向かうなかで，その人の創造性が発揮できるような配慮が必要でしょう。

☕ **ひと息**　　モチベーション　創造性と　ともにあり
　　　　　　　展望が　見えれば山谷　なんのその
　　　　　　　目標が　はっきりすれば　やる気出る

92

自らを活かすには？

　他人をやる気にさせる手立ては，客観的に考えられます。他人には冷静によい指摘ができても，自分自身のやる気を上げることは簡単ではありません。自己効力感について詳しく説明すると，「自分が行為の主体であると確信していること，自分の行為について自分がきちんと統制しているという信念，自分が外部からの要請にきちんと対応しているという確信」です。じつは，行為の主体たる自分自身があまりよくわかっていないものです。振り返ると，さまざまな状況のなかに好きな自分，嫌いな自分，正しい自分，悪い自分がおり，嫌な部分は，フロイトのいう無意識の淵に沈んでいて，正確には思い出せません。学生さんは就職準備の一環として自己分析を行いますが，率直なところ，無理かなと思います。彼らが自分自身を正確に解るとは思えません。しかし，自分の行為は客観的事実として残っています。嫌なことも思い出し，「あの時どうしたか」を並べて，それらの行為でもって心の持ちようの平均値を計り，自分を評価するしかありません。その平均値の自分――自分はこんな人間だけれども――を，上記の自己効力感の定義に当てはめることでしょうか。これでやる気が出ればそれでよいですし，平均値の自分が「やはり自分なのだ」と証明できたことにもなるでしょう。

✎ ポイント

　自分の「やる気」について考えてみても，自分自身があまりにも多様な面をもっていて，幅があり，明確には見えてこないものです。そんな場合は，どのような状況でどのような行動をとったかという事実を並べて，そのときの思いの平均値で，自分の代表的人格とするしかないでしょう。

　その「こんな自分だけれど」を自己効力感の定義に照らしてみて，そのときモチベーションが上がるかどうかを観ることです。上がれば，その自分が平均値的に本当の自分でしょうし，モチベーションの上げ方も解るようになります。

☕ ひと息

　　他人活かす　術冷静に　会得する

　　わが心　そのぶれ方に　驚ける

　　自分知り　やる気を上げる　術を知る

93

お守りのご利益の効果を科学で上げられないかな？

　お守りも工夫の余地があります。お守りは、霊験あらたかなるお札が、袋に収納されるか木札などになっています。いわば、霊を「物」に移しこんでいるわけです。ここではTRIZ#5組合せ原理の発想で、この「物」に科学を応用し、災害を避ける方策を考えます。お守りと言えば「交通安全」「家内安全」「無病息災」などがあります。例えば「交通安全」で考えてみましょう。自動車のフロントガラスに吸盤を張り付けてぶら下がっているお守りですが、吸盤には、紐の代わりにブランコ状の針金を、鉛直に固定します。ブランコには「安全運転」と書かれたお守りキャラクター、例えば達磨さんが、重力か磁石の吸引力で座台に座っております。この力が空間の場所で変化するよう工夫し、TRIZ#15可変性原理を用いて、自動車の進行方向の加速度があるレベルを超えたとき、達磨さんがブランコから転げ落ちるようにします。そのままだと拾い上げるのが大変ですから、釣り糸で達磨さんとブランコをつないでおきます。急発進はまったくエコではありません。それにもかかわらず急発進する運転手は、どこかいらついている可能性があります。転げ落ちてぶら下がっている安全運転達磨さんは、科学的に運転の乱暴さを教えてくれるのです。

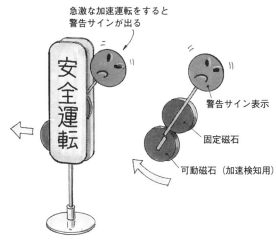

✍ ポイント

　科学と宗教を融合したら神様から叱られそうですが、お守りにおける「霊」と「物」を分離して、同じ目的のために物の部分に科学を導入するのであれば叱られないでしょう。お守りの物的存在に工夫を加え、例えば危険を知らせることを考えます。

　安全運転を例にとりましたが、火災のときは、バネなどに蓄えられたエネルギーに対し、火災による熱をトリガーとして、バネのエネルギーをリリースさせて音を出せばよいのです。あるいは、電源を必要としない火災報知器に、これが作動しないようにと念じられたお札を張り付けてもいいでしょう。

....

☕ **ひと息**　　お守りに　科学を込めて　効果あげ
　　　　　　　　運転が　荒けりゃダメと　札知らす
　　　　　　　　地震起き　ガス栓閉めろ　札下がる

94

仕草を変えることができる日本人形？

　人形とは，人間や動物や架空の生物の姿に似せて作られた物です。博多人形は美人や武士などの焼き物です。お雛さまは御殿の様子を多くの人形で飾っています。人形を可動にして洋服を着替えさせるようにしたのがバービー人形やＧＩジョーです。またミルク飲み人形には，玩具としての機能があります。人形に動きを与えたものが指人形や操り人形です。操り人形浄瑠璃は，文楽座で始まり，いまや文楽といえばこの人形芝居を意味しています。操り人形は人間らしい動きに特徴があるわけですが，見得を切った瞬間やある仕草の瞬間を切り取っても動の表現を損ないません。人間の機微を上手く表現できます。いま，浄瑠璃人形までいかなくても数本の糸で操る日本人形を作るとしましょう。できれば，手足や瞼ぐらいが操れるものとします。これを人形ケースに入れて，数本の糸を調整してある仕草を作り，糸をケース天井に半固定することを考えます。この日本人形は，所有者によって仕草がカスタマイズできます。まったく動かない日本人形より，その日の気分で仕草を変えられる人形って面白くありませんか。これはTRIZ#5 組合せ原理，#26 代替原理の考えによるものです。

✎ ポイント

　人形とりわけ日本人形は，静の中での人間の機微の表現であり，所有者（鑑賞者）がそれを味わうものです。この静の状態を保ちつつ，さまざまな機微を所有者自身で変えることができる人形があってもよい。小型の操り浄瑠璃人形の糸の長さを調整し，それを半固定することで，さまざまな機微の静的状態を作ることができます。

....

☕ ひと息

　　季節ごと　仕草変えてよ　和人形
　　表情が　まったく変わらぬ　不気味さよ
　　動のなか　一コマとっても　動がある

コトづくり

95

SV？

　RVは余暇用自動車のことです。家族で旅行しようと夢見てRVを購入しても，ほとんどが奥様の買い物専用，あとは駐車場で日向ぼっこ？　駐車場料金を毎月支払うのは不経済です。少なくとも，駐車場料金という「不」をなんとかしたい。TRIZ#22の「禍転じて福となす」原理で，RVからSVへと発想転換してみます。SVはスタディービークルの略語で，書斎兼用自動車とします。結婚し，二人暮らしのうちは2LDKや3LDKの部屋で十分でしょう。子供が生まれてパパの空間がなくなり，急な仕事が入ってきたときには，子供が寝静まってから取りかからねば。そんなパパ用のSVです。自動車には商用電源を使えるようにし，パソコン，スマートフォンで情報インフラは整います。テレビも見られますし，電気ポットでお湯も沸かせます。さらに自動車のすばらしい音響機器で，音楽も楽しめます。助手席か後部座席に折りたたみ式書斎機能の座席を設ければ，狭いながらも落ち着いた書斎空間ができます。駐車場が書斎となります。外回り営業をされる方は，顧客と会った直後に駐車場のSVで報告を書くことができます。外で作業をする仕事の場合，現場のSVが事務所となり，事務処理ができます。家族で旅行に出る場合には，これを外してRVに早変わりです。

🖋 ポイント

　自動車を購入するときには，連休に家族で旅行しようとか，高速を突っ走りたいなど，非日常的な条件が脳裏をかすめます。

　狭いマンションで自動車だけが豪勢というのは，一つのアイデンティティーではありますが，あまりにも不経済です。RV 車やセダン車の座席を少し可動式にして，書斎機能をもった SV（Study Vehicle）を提案します。自動車としての機能のみならず，駐車場代など効率よく使えます。

────────────────────────────────

☕ ひと息

　　RV 車　夢みて買って　飾り物
　　自動車の　エンジン止めても　空間活きる
　　わが事務所　車両とともに　移動でき

コトづくり

96

津波をはじくのではなく飲み込んだら？

　東北の海岸線ではさまざまな津波対策が計画され，防波堤の建設が進んでおります。三陸のある漁港は，高さ10 m，全長660 mの防波堤に囲まれます。住み慣れた海辺から数百m離れた高台に移り住むことを決心した住民は，この防波堤に疑問をもっています。何より，10 mの高さの壁は威圧的かつ異様で，自然景観を損ないます。海と生きる人々が，巨大な壁で海から遮られるという「不」自然な状況をもたらす施策は，理解に苦しみます。そこで，津波対策として，住み慣れた地に海とともに安心して暮らし続けられる「津波地下誘導貯水システム」という恒久的な案を考えてみました。沿岸部に津波誘導用の堀を設け，津波が堀に流れ込んで地下の巨大な貯水槽に溜まるという，まさに津波をはじくのではなく抱き込むというアイデアです。津波は地下の巨大な貯水槽に流れ込み，沿岸部の住民の居住区にまで達することがないようにします。堀と地下貯水槽を掘った大量の土は，住居地の嵩上げ盛土として利用でき，土の移動を最小限に抑えられます。この発想のポイントは，高台移住，高い防波堤など「地上」で対策案を考えることから，その反極にある「地下」へと視点を反転させたことにあります。

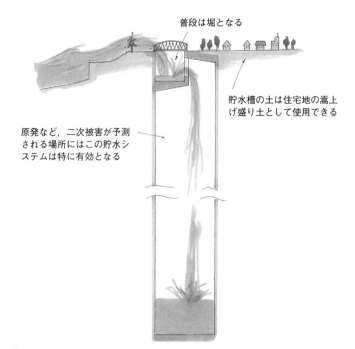

✎ ポイント

津波対策を考える際，従来の先入観のせいで，誰もが地上の壁を考えます。視点を地上から地下に移して発想するならば，津波の海水をため込む地下貯水槽が思いつきます。

これは，津波という外敵を弾き返すのではなく，飲み込むという発想です。飲み込んだ津波による海水は，太陽光パネル電力などを利用して，時間をかけて海に戻します。

☕ ひと息　　流体は　剛体にては　制せない

　　　　　　　大津波　まずは懐　収めける

　　　　　　　地下を掘り　その土砂により　丘つくる

コトづくり

97

競技場は見せるのは競技ですか建物ですか？

　2020年の東京オリンピック開催に向け，さまざまなトラブルが起こって前途多難です。なかでも，新国立競技場の工費が当初見積りを大幅に超えたことが問題となりました。ゼロから再検討となりましたが，その案を考えてみます。スタジアムの主体は，あくまでも内観となるグランドと観客席です。それを囲む外観構造に莫大な工費をかけるのは本末転倒です。スタジアムの源流は古代ギリシャにあり，これに倣って平地を掘り，底面にグランド面を設け，掘った土を盛って観客席を造るという案です。土の移動が少なく，エコな工法です。盛土の観客席は周囲から少し高い小山とし，植栽するとグランドとしての外観はなくなります。スタジアムの人工的で威圧的な景観から，自然に溶け込むやさしい景観に変えられます。工費はかなり抑えられるでしょう。建築家はスタジアムを自分の作品発表の場と捉え，どうしても外観を重視してしまうのです。ギリシャ時代は劇場も，丘陵を削り，音響効果の優れた円形劇場としています。日本でも前方後円古墳には周囲に堀を設け，その土を古墳の盛り土に使っています。発想のポイントは，物事には必ずその源流があり，そこまで遡ると問題解決の本質的なヒントを必ず見いだせるということです。

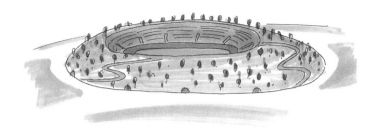

✎ ポイント

　競技場は競技を見る場であり，競技場を見せるためのものではありません。競技場の内部を必要以上に充実させ，外観に建設費用をかけることは本末転倒です。

　古代ギリシャのスタジアムに倣って，平地を約20 m掘り，その底面にグランド面を設け，掘った土は観客席を造るための盛り土として使うことを考えます。古代ギリシャでは人力で作れた競技場であり，工法としてエコです。

....

☕ ひと息　　競技場　設計コンペの　場にあらず
　　　　　　森林の　クレータの中　熱気あり
　　　　　　観戦後　自然の中で　熱さまし

コトづくり

98

マンションの通気性を よくするためには？

　マンションのドアは通路から部屋に入るように設けてあり，セキュリティ上，ドアを開け広げて室内に通風させることができません。このため，爽快感が失われ，かつ湿気によるカビの発生などが起きます。この問題は，集合住宅の致命的な問題であり，未解決です。住人は，通風性の悪さという不快さを我慢して生活しています。この「不」を解決する案として，マンション用風通し玄関二重ドアを考案してみました。構造はシンプルで，通常構造のドアの外側に通気専用のスリット構造のドアを追加したものです。内側の通常ドアを室内側に引き，スリットのドアを閉めておくとセキュリティは維持され，通風が得られます。コンクリートの壁厚が十分にあり，ドアを二重にしても構造上の問題はありません。玄関と逆側の窓では温度差があり，風が発生します。坪庭原理です。想考匠試という視点からは，アイデアをただ留め置かず，それを具現化すべくスケールモデルを試作し，その機能性を確かめることです。アイデアを具体的なカタチにするという行為を習慣化することで，「創造性の出来の精度」をさらに向上できます。この発想のポイントは，身の回りの見過ごされている問題に敢えて挑戦するということです。

📝 ポイント

マンションなどの集合住宅は玄関口からの通気が取りにくくなっています。マンションのドアを二重にして，一つは通気用，もう一つは従来のドアとし，必要に応じて従来ドアだけを内側に引いて通気します。

日常生活のなかで当たり前と思うドアも，一寸した工夫で大きな発明になります。

....

☕ ひと息

　　マンションの　通路坪庭　風通す
　　二重ドア　一つは人に　他は風に
　　扉とて　工夫の余地は　なお残る

コトづくり

コトづくり

　ここで述べた事例は，筆者らが関わった行政の審議会や企業の営業マンや経営者との雑談の中で筆者が提案したり考えたりした事柄である。いずれのテーマも行政機関や企業の経営者が関心を持つものと考えている。ただ，モノづくりとは異なり，コトづくりはその最適性を証明することが困難であり，ここでの提案がベストであるとは考えていない。そもそも最適状態とは，再現性が高い対象において，確定的な制約条件の下で目的を定め，それが最大限に遂行されている状態のことである。そして最適性は量的に評価できる。これは高い再現性を示す「物」において可能なことである。一方，不確定的な存在である人間，とりわけ個性の異なった人間のグループで行われるイベントを定量的に評価することは無理である。定性的な評価が行われるべきである。定性的にしか評価できないことを定量的に評価しようとすると，誤りが生じる。読者の創造性を少しでも育めればという趣旨の本なので，あくまでも一つの考え方として読んでもらいたい。

特　許

99

特許化によりアイデアを整理する方法とは？

創造したアイデアが確認できたとき，それをそのままにしていたらもったいない。アイデアは財産であり，論文として発表して万人に共有させることもできますし，特許として自らの所有とすることもできます。特許は論理的記述の最たるものです。特許形式でアイデアを整理しておくと，その内容は容易に論文化できます。財産である特許は，無料有料で譲渡できます。そのアイデアをもとに誰かが製品を作って販売する場合，アイデアに対するロイヤリティーを頂くこともできるのです。個人でも申請できますが，手続きは煩雑で，通常は経費がかかりますが弁理士さんに頼みます。特許申請するか否かは，これらの経費を勘案して判断すべきでしょう。特許が取れたとして，それで収入が得られる場合はきわめて稀です。むしろ維持経費で出費します。したがって，特許を取ったからには，それをベースとした商業行為が必要となります。もっとも，特許申請して審査請求を出さなければ，特許庁のデータベースに記載され，その内容は公知となり，個人としての財産権は消滅して，論文と同様，私はこのようなアイデアを出しましたという発表の一形態となります。

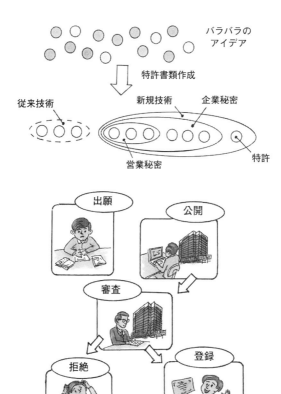

✍️ ポイント

創造的活動の成果は知的財産です。

成果を財産として確保し、その財産は自由に使えます。人類の福祉のために譲渡もできるのです。

☕ **ひと息**　アイデアは　そのままですと　価値がない
　　　　　　　特許化は　アイデア磨き　価値与う
　　　　　　　ヒラメキを　文章にして　皆わかる

100

特許の書式って？

　特許に記載されるべき内容は次の項目です。この項目が記載されて特許の形式となるのです。そのうえで，アイデアが新規か否かが判断され，新規な場合には特許となる可能性が生じます。特許を申請する，しないは別として，自分のアイデアをこの項目で整理することが大切です。

【書類名】　特許願
【整理番号】
【提出日】
【あて先】　特許庁長官　殿
【国際特許分類】
【発明者】
　【住所又は居所】
　【氏名】
【特許出願人】
　【識別番号】
　【氏名又は名称】
　【代理人】
　【識別番号】
【弁理士】
　【手数料の表示】
　【予納台帳番号】
　【納付金額】
【提出物件の目録】
　【物件名】　明細書　1
　【物件名】　特許請求の範囲　1
　【物件名】　要約書　1
　【物件名】　図面　1

【書類名】　明細書
【発明の名称】
【技術分野】
【背景技術】
【先行技術文献】
【特許文献】
【発明の概要】
【発明が解決しようとする課題】
【課題を解決するための手段】
【発明の効果】
【図面の簡単な説明】
【符号の説明】

【書類名】　特許請求の範囲
【請求項1】

【書類名】　要約書
【要約】
【課題】
【解決手段】
【選択図】
【図】

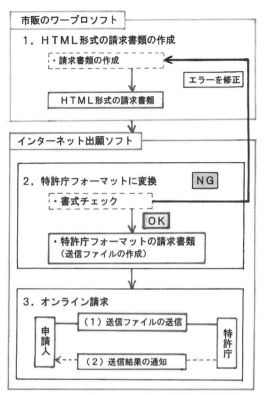

特許申請の手続

✍️ ポイント

特許は論理的記述法として優れています。考えの整理にベストです。

特許願いの形式で創造した結果を整理しましょう。

......

☕ **ひと息**　　論理的　記述のための　明細書
　　　　　　　　ヒラメキに　論理道筋　与えます
　　　　　　　　特許文　難しそうで　ただの文

創造性プロセス
フローチャート

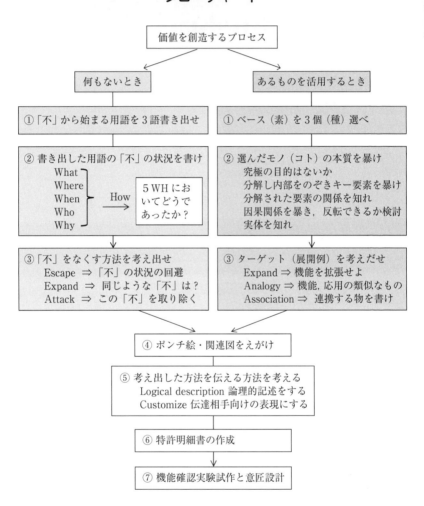

①〜④のプロセスを繰り返し作り直して最高の極に至るまで思考を継続する

ものづくりの発想法
価値の創造のために

2016年10月12日　初版第1刷発行

著　者　　渡邊嘉二郎・城井信正
発行所　一般財団法人　法政大学出版局
〒102-0071　東京都千代田区富士見2-17-1
電話 03 (5214) 5540　振替 00160-6-95814
組版：HUP　印刷：日経印刷　製本：積信堂

© 2016　K. Watanabe, N. Shiroi
Printed in Japan

ISBN978-4-588-78201-5

[著者]

渡邊嘉二郎(わたなべ・かじろう)

1944年生まれ。1972年東京工業大学大学院理工学研究科博士課程修了（電気工学専攻）。工学博士（東京工業大学）。博士（医学）（東京医科歯科大学）。法政大学名誉教授。著書に『ものづくりのための創造性トレーニング──温故創新』（共著，コロナ社，2015），『カントがつかんだ，落ちるリンゴ──観測と理解』(2010)，共著に『アナログフィルタ設計の基礎』(2009)，『アナログLSI設計の基礎』(2006)，『ロボット入門』(以上いずれもオーム社，2006)ほか多数。

城井信正(しろい・のぶまさ)

1948年生まれ。千葉大学工学部工業匠科卒業。日産自動車デザイン部（旧プリンス系）に入社。商品企画室に転属と同時にニューヨーク事務所に赴任。1981年退社。82年（株）SHIROI ASSOCIATEを設立。商品企画・開発，デザイン開発から広告まで，デザインの枠を超えた仕事を手がける。著書に『ものづくりのための創造性トレーニング──温故創新』（共著，コロナ社，2015）。

持続可能なエネルギー社会へ ドイツの現在、未来の日本
舩橋晴俊・壽福眞美編 ……………………………………… 4000 円

科学の地理学 場所が問題になるとき
D. リヴィングストン／梶雅範・山田俊弘訳 ……………… 3800 円

情報時代の到来 「理性と革命の時代」における知識のテクノロジー
D. R. ヘッドリク／塚原東吾・隠岐さや香訳 ……………… 3900 円

博物館の歴史
高橋雄造 ……………………………………………………… 7000 円

ラジオの歴史 工作の〈文化〉と電子工業のあゆみ
高橋雄造 ……………………………………………………… 4800 円

女性電信手の歴史 ジェンダーと時代を超えて
T. C. ジェブセン／高橋雄造訳 ……………………………… 3800 円

大砲からみた幕末・明治 近代化と鋳造技術
中江秀雄 ……………………………………………………… 3400 円

記憶と記録のなかの渋沢栄一
平井雄一郎・高田知和編 …………………………………… 5000 円

近代測量史への旅
石原あえか …………………………………………………… 3800 円

脳と心の神秘
W. ペンフィールド／塚田裕三・山河宏訳 ………………… 2200 円

表示価格は税別です

かるた ものと人間の文化史 173
江橋崇 .... 3500 円

酒 ものと人間の文化史 172
吉田元 .... 2500 円

織物 ものと人間の文化史 169
植村和代 .... 3200 円

花札 ものと人間の文化史 167
江橋崇 .... 3500 円

柱 ものと人間の文化史 163
森郁夫 .... 2800 円

牛車 ものと人間の文化史 160
櫻井芳昭 .... 2700 円

香料植物 ものと人間の文化史 159
吉武利文 .... 3000 円

温室 ものと人間の文化史 152
平野恵 .... 2900 円

井戸 ものと人間の文化史 150
秋田裕毅 .... 2500 円

紫 ものと人間の文化史 148
竹内淳子 .... 3000 円

表示価格は税別です